普通高等教育"十三五"创新型规划教材·电工电子实验精品系列

电学基础实验指导
——电路部分

范长胜　主　编

哈尔滨工业大学出版社

内 容 简 介

《电学基础实验指导——电路部分》一书是密切配合"电路理论""电工电子学"等基础课程电路部分教学的实验教材。本书共分为验证性实验,创新、设计、开放、综合性实验和安全用电三部分内容。通过电路实验的动手实践,学生能形成理论联系实际的工程观点,培养提高科学思维能力和实验研究能力。同时,作为相关理论课程电路部分的补充,可使学生掌握电路的基本理论和分析方法,培养学生勇于实践与创新的意识和精神,并为后续课程准备必要的电路知识和实践技能。

本书可作为普通高等院校电类及非电类专业的实验课教材或参考书,也可作为工程技术人员的参考用书。

图书在版编目(CIP)数据

电学基础实验指导:电路部分/范长胜主编. —哈尔滨:哈尔滨工业大学出版社,2018.8(2020.8 重印)

ISBN 978-7-5603-7621-9

Ⅰ.①电…　Ⅱ.①范…　Ⅲ.①电路–实验–教材

Ⅳ.①TM13–33

中国版本图书馆 CIP 数据核字(2018)第 195411 号

策划编辑	王桂芝
责任编辑	李长波　张艳丽
出版发行	哈尔滨工业大学出版社
社　　址	哈尔滨市南岗区复华四道街 10 号　邮编 150006
传　　真	0451–86414749
网　　址	http://hitpress.hit.edu.cn
印　　刷	哈尔滨久利印刷有限公司
开　　本	787mm×1092mm　1/16　印张 6.75　字数 150 千字
版　　次	2018 年 8 月第 1 版　2020 年 8 月第 2 次印刷
书　　号	ISBN 978-7-5603-7621-9
定　　价	19.80 元

(如因印装质量问题影响阅读,我社负责调换)

序

　　电工、电子技术课程具有理论与实践紧密结合的特点，是工科电类、非电类各专业必修的技术基础课程。电工、电子技术课程的实验教学在整个教学过程中占有非常重要的地位，对培养学生的科学思维方法、提高动手能力、实践创新能力及综合素质等起着非常重要的作用，有着其他教学环节不可替代的作用。

　　根据《国家中长期教育改革和发展规划纲要(2010～2020)》及《卓越工程师教育培养计划》"全面提高高等教育质量"、"提高人才培养质量"、"提升科学研究水平"、支持学生参与科学研究和强化实践教学环节的指导精神，我国各高校在实验教学改革和实验教学建设等方面也都面临着更大的挑战。如何激发学生的学习兴趣，通过实验、课程设计等多种实践形式夯实理论基础，提高学生对科学实验与研究的兴趣，引导学生积极参与工程实践及各类科技创新活动，已经成为目前各高校实验教学面临的必须加以解决的重要课题。

　　长期以来实验教材存在各自为政、各校为政的现象，实验教学核心内容不突出，一定程度上阻碍了实验教学水平的提升，对学生实践动手能力的培养提高存有一定的弊端。此次，黑龙江省各高校在省教育厅高等教育处的支持与指导下，为促进黑龙江省电工、电子技术实验教学及实验室管理水平的提高，成立了"黑龙江省高校电工电子实验教学研究会"，在黑龙江省各高校实验教师间搭建了一个沟通交流的平台，共享实验教学成果及实验室资源。在研究会的精心策划下，根据国家对应用型人才培养的要求，结合黑龙江省各高校电工、电子技术实验教学的实际情况，组织编写了"普通高等教育'十二五'创新型规划教材·电工电子实验精品系列"，包括《模拟电子技术实验教程》《数字电子技术实验教程》《电路原理实验教程》《电工学实验教程》《电工电子技术 Multisim 仿真实践》《电子工艺实训指导》《电子电路课程设计与实践》《大学生科技创新实践》等。该系列教材经过几年的使用，反响很好，故在原有基础上延续拓展，形成"普通高等教育'十三五'创新型规划教材·电工电子实验精品系列"。

　　该系列教材具有以下特色：

1. 强调完整的实验知识体系

　　系列教材从实验教学知识体系出发统筹规划实验教学内容，做到知识点全面覆盖，杜绝交叉重复。每个实验项目只针对实验内容，不涉及具体实验设备，体现了该系列教材的普适通用性。

2. 突出层次化实践能力的培养

　　系列教材根据学生认知规律，按必备实验技能—课程设计—科技创新，分层次、分类型统一规划，如《模拟电子技术实验教程》《数字电子技术实验教程》《电工学实验教程》《电路原理实验教程》，主要侧重使学生掌握基本实验技能，然后过渡到验证性、简单的综合设计性实验；而《电子电路课程设计与实践》和《大学生科技创新实践》，重点放在让学生循序渐进掌握比较复杂的较大型系统的设计方法，提高学生动手和参与科技创新的能力。

3. 强调培养学生全面的工程意识和实践能力

系列教材中《电工电子技术 Multisim 仿真实践》指导学生如何利用软件实现理论、仿真、实验相结合,加深学生对基础理论的理解,将设计前置,以提高设计水平;《电子工艺实训指导》中精选了 11 个符合高校实际课程需要的实训项目,使学生通过整机的装配与调试,进一步拓展其专业技能。并且系列教材中针对实验及工程中的常见问题和故障现象,给出了分析解决的思路、必要的提示及排除故障的常见方法,从而帮助学生树立全面的工程意识,提高分析问题、解决问题的实践能力。

4. 共享网络资源,同步提高

随着多媒体技术在实验教学中的广泛应用,实验教学知识也面临着资源共享的问题。该系列教材在编写过程中吸取了各校实验教学资源建设中的成果,同时拥有与之配套的网络共享资源,全方位满足各校实验教学的基本要求和提升需求,达到了资源共享、同步提高的目的。

该系列教材由黑龙江省十几所高校多年从事电工电子理论及实验教学的优秀教师共同编写,是他们长期积累的教学经验、教改成果的全面总结与展示。

我们深信:这套系列教材的出版,对于推动高等学校电工电子实验教学改革、提高学生实践动手及科研创新能力,必将起到重要作用。

教育部高等学校电工电子基础课程教学指导委员会副主任委员
中国高等学校电工学研究会理事长
黑龙江省高校电工电子实验教学研究会理事长
哈尔滨工业大学电气工程及自动化学院教授

2016 年 7 月于哈尔滨

前　言

　　电路实验是电路课程教学中不可缺少的实践环节,目的是通过实验帮助学生获得必要的感性知识,进一步巩固和掌握所学的理论内容;通过实验,培养学生的实验技能,提高实际的动手操作能力,锻炼学生独立分析问题和解决问题的能力;通过实验,了解常用电工仪表的测量与使用方法,并掌握实验数据处理、结果分析、编写实验报告的方法;通过实验,培养学生严肃认真、实事求是的科学作风。

　　本实验指导书是根据电类专业"电路理论"和非电类专业"电工电子学"课程的教学大纲和要求,在已有的电路实验的基础上,结合实验设备和条件,根据近年来课程教学改革、学科发展要求,逐步修改、充实、完善而成。本实验指导书结合教学内容,编写了直流电路及交流电路的相关实验内容,在实验内容后均提出了实验报告的要求和预习思考题,以帮助学生更好地分析和总结相关实验的理论知识,提高对相关实验内容(包括仪器仪表的使用)和实验方法的认识。

　　本书由东北林业大学范长胜主编,参加编写的还有哈尔滨学院杨冬霞。

　　由于编者水平所限,书中难免存在疏漏和不足,欢迎广大读者提出宝贵意见,以便改进、完善。

编　者

2018 年 6 月

目　录

第1章　验证性实验 ··· 1

实验 1　电路元件伏安特性的测绘 ·································· 1

实验 2　电位、电压的测定及电路电位图的绘制 ················ 6

实验 3　受控源 VCVS、VCCS、CCVS、CCCS 的实验研究 ········ 9

实验 4　基尔霍夫定律的验证 ······································ 15

实验 5　电压源与电流源的等效变换 ···························· 19

实验 6　叠加原理的验证 ·· 24

实验 7　戴维宁定理验证——有源二端网络等效参数测定 ······ 27

实验 8　交流电路等效参数的测量 ································ 32

实验 9　日光灯工作原理及功率因数的提高 ···················· 36

实验 10　RC 一阶电路的响应测试 ······························ 41

实验 11　三相交流电路电压、电流的测量 ···················· 45

实验 12　三相电路功率的测量 ···································· 49

实验 13　二端口网络测试 ·· 53

实验 14　直流电路分析与仿真 ···································· 57

实验 15　交流电路分析与仿真 ···································· 60

第2章　创新、设计、开放、综合性实验 ······················ 63

实验 1　典型电信号的观察与测量 ································ 63

实验 2　R、L、C 元件阻抗特性的测定 ························ 67

实验 3　减小仪表测量误差的方法 ································ 70

实验 4　基本电工仪表的使用及测量误差的计算 ·············· 76

实验 5　仪表量程扩展实验 ·· 82

实验 6　直流电路仿真综合实验 ·································· 86

第 3 章　安全用电 ··· 92

　3.1　安全用电知识 ··· 92

　3.2　电工安全操作知识 ··· 93

　3.3　触电的危害性 ··· 93

参考文献 ··· 96

第1章 验证性实验

实验1 电路元件伏安特性的测绘

一、实验目的

1. 学会识别常用电路元件的方法。

2. 掌握线性电阻、非线性电阻元件伏安特性的逐点测试法。

3. 掌握实验台上直流电工仪表和设备的使用方法。

二、原理说明

任何一个电气二端元件的特性均可用该元件上的端电压 U 与通过该元件的电流 I 之间的函数关系 $I=f(U)$ 来表示,即用纵坐标表示电流 I、横坐标表示电压 U,以此画出 $U-I$ 曲线,这条曲线称为该元件的伏安特性曲线。

1. 线性电阻器的伏安特性曲线是一条通过坐标原点的直线,如图 1.1.1 中的直线 a 所示,该直线的斜率等于该电阻器的电阻值。

2. 一般的白炽灯在工作时灯丝处于高温状态,其灯丝电阻随着温度的升高而增大,通过白炽灯的电流越大,其温度越高,阻值也越大,一般灯泡的"冷电阻"与"热电阻"的阻值可相差几倍甚至十几倍,所以它的伏安特性如图 1.1.1 中曲线 b 所示。

3. 一般的半导体二极管(简称二极管)是一个非线性电阻元件,其伏安特性如图 1.1.1 中曲线 c 所示。正向压降很小(锗管为 $0.2 \sim 0.3$ V,硅管为 $0.5 \sim 0.7$ V),正向电流随正向压降的升高而急骤上升,而反向电压从 0 V 一直增加到十几至几十伏时,其反向电流增加很小,粗略地可视为 0 mA。可见,二极管具有单向导电性,但是如果反向电压加得过高,超过二极管的极限值,则会导致二极管击穿损坏。

4. 稳压二极管是一种特殊的二极管,其正向特性与普通二极管类似,但其反向特性较特别,如图 1.1.1 中第三象限的曲线 d 所示。在反向电压开始增加时,其反向电流几乎为 0,但当电压增加到某一数值(称为管子的稳压值,有各种不同稳压值的稳压管)时,电流将突然增加,以后它的端电压将基本维持恒定,当外加的反向电压继续升高时其端电压仅有少量增加。

注意:流过二极管或稳压二极管的电流不能超过二极管的极限值,否则二极管会烧坏。

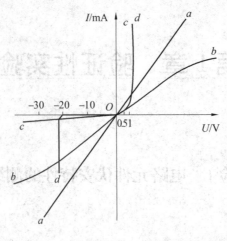

图 1.1.1

三、实验设备(表 1.1.1)

表 1.1.1

序号	名　　称	型号与规格	数量	备注
1	可调直流稳压电源	0～30 V	1	
2	万　用　表	FM-30 或其他	1	
3	直流数字毫安表	0～500 mA	1	
4	直流数字电压表	0～300 V	1	
5	二　极　管	1N4007	1	HE-11
6	稳压二极管	2CW51	1	HE-11
7	白　炽　灯	12 V,0.1 A	1	HE-11
8	线性电阻器	200 Ω,510 Ω/2 W	1	HE-11

四、实验内容

1. 测定线性电阻器的伏安特性。

按图 1.1.2 所示电路接线,调节可调直流稳压电源的输出电压 U,从 0 V 开始缓慢地增加,一直到 10 V,记下相应的电压表和电流表的读数 U_R 和 I,将其填入表 1.1.2 中。

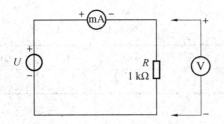

图 1.1.2

表 1.1.2

U_R/V	0	2	4	6	8	10
I/mA						

2. 测定非线性白炽灯的伏安特性。

将图 1.1.2 所示电路中的 R 换成一只 12 V、0.1 A 的白炽灯,重复实验内容 1 的测量。U_L 为灯泡的端电压,将测量值填到表 1.1.3 中。

表 1.1.3

U_L/V	0.1	0.5	1	2	3	4	5
I/mA							

3. 测定二极管的伏安特性。

按图 1.1.3 所示电路接线,R 为限流电阻器。测二极管 D 的正向特性时,其正向电流不得超过 35 mA,二极管 D 的正向压降 U_{D+} 可在 0~0.75 V 之间取值,在 0.5~0.75 V 之间应多取几个测量点。测反向特性时,只需将图 1.1.3 中的二极管 D 反接,且其反向电压 U_{D-} 可加到 30 V。将测量值分别填到表 1.1.4、表 1.1.5 中。

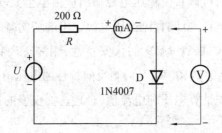

图 1.1.3

表 1.1.4

U_{D+}/V	0.10	0.30	0.50	0.55	0.60	0.65	0.70	0.75
I/mA								

表 1.1.5

U_{D-}/V	0	−5	−10	−15	−20	−25	−30
I/mA							

4. 测定稳压二极管的伏安特性。

(1) 正向特性实验：将图 1.1.3 中的二极管 D 换成稳压二极管 2CW51，重复实验内容 3 中的正向特性测量步骤。U_{Z+} 为稳压二极管 2CW51 的正向电压降。将测量值填到表 1.1.6 中。

表 1.1.6

U_{Z+}/V	0.10	0.30	0.50	0.55	0.60	0.65	0.70	0.75
I/mA								

(2) 反向特性实验：将图 1.1.3 中的 R 换成 500 Ω，将稳压二极管 2CW51 反接，测量其反向特性。可调直流稳压电源的输出电压 U_O 在 0 ~ 20 V 进行调节，测量稳压二极管 2CW51 的反向电压降 U_{Z-} 及电流 I，由 U_{Z-} 可看出其稳压特性。将测量值填到表 1.1.7 中。

表 1.1.7

U_O/V	0	3	6	9	12	15	18	20
U_{Z-}/V								
I/mA								

五、实验注意事项

1. 测二极管正向特性时，可调直流稳压电源输出应由小至大逐渐增加，应时刻注意直流数字毫安表读数不得超过 35 mA。可调直流稳压电源输出端切勿碰线，以免短路。

2. 如果要测定实验箱上二极管 2AP9 的伏安特性，则测正向特性的电压值应取 0, 0.10, 0.13, 0.15, 0.17, 0.19, 0.21, 0.24, 0.30(V)，测反向特性的电压值取 0, 2, 4, …, 10(V)。

3. 进行不同实验时，应先估算电压和电流值，合理选择仪表的量程，勿使仪表超量程，仪表的极性亦不可接错。

六、思考题

1. 线性电阻与非线性电阻的概念是什么？电阻器与二极管的伏安特性有何区别？

2. 设某器件伏安特性曲线的函数式为 $I = f(U)$，试问：在逐点绘制曲线时，其坐标变量应如何放置？

3. 稳压二极管与普通二极管有何区别？其用途如何？

4. 在图 1.1.3 中，设 $U=2$ V，$U_{D+}=0.7$ V，则直流数字毫安表读数为多少？

七、实验报告

1. 根据各实验结果数据，分别在方格纸上绘制出光滑的伏安特性曲线。（其中二极管和稳压二极管的正、反向特性均要求画在同一张图中，正、反向电压可采用不同的比例尺）

2. 根据实验结果，总结、归纳被测各元件的特性。

3. 进行必要的误差分析。

4. 心得体会及其他。

实验 2　电位、电压的测定及电路电位图的绘制

一、实验目的

1. 用实验证明电路中电位的相对性和电压的绝对性。
2. 掌握电路电位图的绘制方法。

二、原理说明

在一个确定的闭合电路中,各点电位的高低因所选的电位参考点的不同而变化,但任意两点间的电位差(即电压)则是绝对的,它不因参考点电位的变动而改变。根据此性质,可用一只电压表测量出电路中各点相对于参考点的电位及任意两点间的电压。

电位图是一种平面坐标系中一、四两象限内的折线图,其纵坐标为电位值,横坐标为各被测点。要制作某一电路的电位图,先以一定的顺序对电路中各被测点编号。以图 1.2.1 所示的电路为例,图中的被测点为 A～F,在坐标横轴上按顺序、间隔均匀地标上 A、B、C、D、E、F、A。再根据测得的各点电位值,在各点所在的垂直线上描点。用直线依次连接相邻两个电位点,即得该电路的电位图。

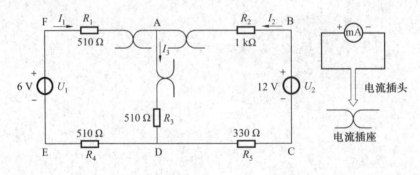

图 1.2.1

在电位图中,任意两个被测点的纵坐标值之差即为该两点之间的电压值。

在电路中,电位参考点可任意选定。对于不同的参考点,所绘出的电位图形是不同的,但其各点电位变化的规律却是一样的。

三、实验设备（表 1.2.1）

表 1.2.1

序号	名　　称	型号与规格	数　量	备　注
1	可调直流稳压电源	0～30 V	两路	
2	万　用　表		1	自备
3	电压表	0～300 V	1	
4	电位、电压测定实验电路板		1	HE-12

四、实验内容

利用 HE-12 实验箱上的"基尔霍夫定律/叠加原理"线路，按图 1.2.1 所示电路接线。

1. 分别将两路可调直流稳压电源接入电路中，令 $U_1 = 6$ V，$U_2 = 12$ V。（先调准输出电压值，再接入实验线路中）

2. 以图 1.2.1 中的 A 点作为电位参考点，分别测量 B、C、D、E、F 各点的电位值 φ 及相邻两点之间的电压值 U_{AB}、U_{BC}、U_{CD}、U_{DE}、U_{EF} 及 U_{FA}，数据列于表 1.2.2 中。

3. 以 D 点作为电位参考点，重复实验内容 2 的测量，测得数据也列于表 1.2.2 中。

表 1.2.2　　　　　　　　　　　　　　　　　　　　　　　　　　　V

电位参考点	φ 与 U	φ_A	φ_B	φ_C	φ_D	φ_E	φ_F	U_{AB}	U_{BC}	U_{CD}	U_{DE}	U_{EF}	U_{FA}
A	计算值												
	测量值												
	相对误差												
D	计算值												
	测量值												
	相对误差												

五、实验注意事项

1. 本实验线路板可多个实验通用，本次实验中不使用电流插头和插座。HE-12 实验箱上的 K_3 应拨向 330 Ω 侧，三个故障按键均不得按下。

2. 测量电位时，若用指针式万用表的直流电压挡或用数显电压表测量时，则用负表棒（黑色）接电位参考点，用正表棒（红色）接被测各点。若指针正向偏转或数显电压表显示正值，则表明该点电位为正（即高于参考点电位）；若指针反向偏转或数显电压表显示负值，此时应调换表棒,然后读出数值,并在电位值之前加负号(表明该点电位低于参考点电位)。数显电压表也可不调换表棒,直接读出负值。

六、思考题

若以 F 点为电位参考点,实验测得各点的电位值;然后以 E 点作为电位参考点,试问此时各点的电位值应如何变化?

七、实验报告

1. 根据实验数据,绘制两个电位图形,并对照观察各对应两点间的电压变化情况。虽然两个电位图的参考点不同,但各点的相对顺序应一致,以便对照。

2. 完成数据表格中的计算,对误差做必要的分析。

3. 总结电位相对性和电压绝对性的原理。

4. 心得体会及其他。

实验 3　受控源 VCVS、VCCS、CCVS、CCCS 的实验研究

一、实验目的

通过测试受控源的外特性及其转移参数,进一步理解受控源的物理概念,加深对受控源的认识和理解。

二、原理说明

1. 电源有独立电源(或称为独立源,如电池、发电机等)与非独立电源(或称为受控源)之分。

受控源与独立源的不同点是:独立源的电势 E_s 或电流 I_s 是某一固定的数值或是时间的某一函数,它不随电路其余部分的状态变化而变化;而受控源的电势或电流则随电路中另一支路的电压或电流变化而变化。

受控源与无源元件不同,无源元件两端的电压和它自身的电流有一定的函数关系,而受控源的输出电压或电流则和另一支路(或元件)的电流或电压有某种函数关系。

2. 独立源与无源元件是二端器件,受控源则是四端器件,或称为双口元件。它有一对输入端(U_1、I_1)和一对输出端(U_2、I_2)。输入端可以控制输出端电压或电流的大小。施加于输入端的控制量可以是电压或电流,有两种受控电压源和两种受控电流源。两种受控电压源分别是电压控制电压源(Voltage Controlled Voltage Source, VCVS)和电流控制电压源(Current Controlled Voltage Source, CCVS),两种受控电流源分别是电压控制电流源(Voltage Controlled Current Source, VCCS)和电流控制电流源(Current Controlled Current Source, CCCS)。它们的示意图如图 1.3.1 所示。

3. 当受控源的输出电压(或电流)与控制支路的电压(或电流)成正比变化时,则称该受控源是线性的。

理想受控源的控制支路中只有一个独立变量(电压或电流),另一个独立变量等于 0,即从输入口看,理想受控源或者是短路(即输入电阻 $R_1 = 0$,因而 $U_1 = 0$),或者是开路(即输入电导 $G_1 = 0$,因而输入电流 $I_1 = 0$);从输出口看,理想受控源或者是一个理想电压源,或者是一个理想电流源。

4. 受控源的控制端与受控端的关系式称为转移函数。

四种受控源的转移函数参量的定义如下:

(1) VCVS:$U_2 = f(U_1)$,$\mu = U_2/U_1$ 称为转移电压比(或电压增益)。

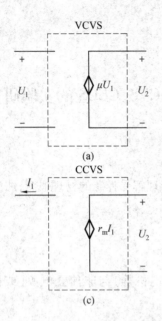
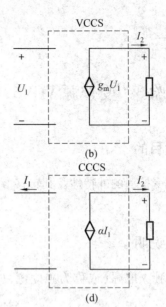

图 1.3.1

（2）VCCS：$I_2 = f(U_1)$，$g_m = I_2 / U_1$ 称为转移电导。

（3）CCVS：$U_2 = f(I_1)$，$r_m = U_2 / I_1$ 称为转移电阻。

（4）CCCS：$I_2 = f(I_1)$，$\alpha = I_2 / I_1$ 称为转移电流比（或电流增益）。

三、实验设备（表 1.3.1）

表 1.3.1

序号	名　　称	型号与规格	数量	备注
1	可调直流稳压电源	0～30 V	1	
2	可调恒流源	0～500 mA	1	
3	直流数字电压表	0～200 V	1	
4	直流数字毫安表	0～200 mA	1	
5	可变电阻箱	0～99 999.9 Ω	1	
6	受控源实验电路板		1	

四、实验内容

1. 测量 VCVS 的转移特性 $U_2 = f(U_1)$ 及负载特性 $U_2 = f(I_L)$，实验电路如图 1.3.2 所示。

（1）不接直流数字毫安表，固定可变电阻箱电阻 $R_L = 2$ kΩ 不变，调节可调直流稳压电源输出电压 U_1，测量 U_1 相应的 U_2 值，并将数据填入表 1.3.2 中。

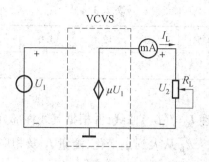

图 1.3.2

表 1.3.2

U_1/V	0	1	2	3	5	7	8	9
U_2/V								

在方格纸上绘出转移特性 $U_2=f(U_1)$ 曲线，并根据其线性部分求出转移电压比 μ。

（2）接入直流数字毫安表，保持 $U_1=2$ V，调节可变电阻箱 R_L 的阻值，测量 U_2 及相应的 I_L 值，绘制 $U_2=f(I_L)$ 曲线，并将数据填入表 1.3.3 中。

表 1.3.3

R_L/Ω	50	70	100	200	300	400	500	∞
U_2/V								
I_L/mA								

2. 测量 VCCS 的转移特性 $I_L=f(U_1)$ 及负载特性 $I_L=f(U_2)$，实验电路如图 1.3.3 所示。

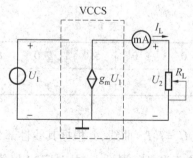

图 1.3.3

（1）固定 $R_L=2$ kΩ 不变，调节直流稳压电源的输出电压 U_1，测出相应的 I_L 值，并将数据填入表 1.3.4 中。

表 1.3.4

U_1/V	0.1	0.5	1.0	2.0	3.0	3.5	3.7	4.0
I_L/mA								

在方格纸上绘出转移特性 $I_L = f(U_1)$ 曲线,并根据其线性部分求出转移电导 g_m。

(2)保持 $U_1 = 2$ V 不变,令 R_L 从大到小变化,测量 I_L 及相应的 U_2 值,绘制负载特性 $I_L = f(U_2)$ 曲线,并将数据填入表 1.3.5 中。

表 1.3.5

R_L/kΩ	50	20	10	8	7	6	5	4	2	1
I_L/mA										
U_2/V										

3. 测量 CCVS 的转移特性 $U_2 = f(I_1)$ 及负载特性 $U_2 = f(I_L)$,实验电路如图 1.3.4 所示。

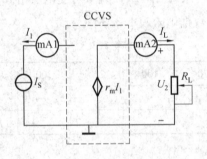

图 1.3.4

(1)固定 $R_L = 2$ kΩ 不变,调节可调恒流源的输出电流 I_S,测出不同 I_1 对应的 U_2 值,并将数据填入表 1.3.6 中。

表 1.3.6

I_1/mA	0.1	1.0	3.0	5.0	7.0	8.0	9.0	9.5
U_2/V								

在方格纸上绘制转移特性 $U_2 = f(I_1)$ 曲线,并根据其线性部分求出转移电阻 r_m。

(2)保持 $I_S = 2$ mA 不变,调节 R_L 值,测量 U_2 及对应的 I_L 值,绘制负载特性 $U_2 = f(I_L)$ 曲线,并将数据填入表 1.3.7 中。

表 1.3.7

$R_L/\text{k}\Omega$	0.5	1	2	4	6	8	10
U_2/V							
I_L/mA							

4. 测量 CCCS 的转移特性 $I_L=f(I_1)$ 及负载特性 $I_L=f(U_2)$，实验电路如图 1.3.5 所示。

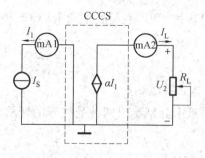

图 1.3.5

（1）固定 $R_L=2\ \text{k}\Omega$ 不变，调节可调恒流源的输出电流 I_S，测量 I_1 及对应的 I_L 值，并将数据填入表 1.3.8 中。

表 1.3.8

I_1/mA	0.1	0.2	0.5	1	1.5	2	2.2
I_L/mA							

在方格纸上绘制转移特性 $I_L=f(I_1)$ 曲线，并根据其线性部分求出转移电流比 α。

（2）保持 $I_S=1\ \text{mA}$ 不变，调节 R_L 值，测量 I_L 及对应的 U_2 值，绘制负载特性 $I_L=f(U_2)$ 曲线，并将数据填入表 1.3.9 中。

表 1.3.9

$R_L/\text{k}\Omega$	0	0.1	0.5	1	2	5	10	20	30	80
I_L/mA										
U_2/V										

五、实验注意事项

1. 每次组装线路，必须事先断开供电电源，但不必关闭电源总开关。

2. 用可调恒流源供电的实验中，不要使可调恒流源的负载开路。

六、预习思考题

1. 受控源和独立源相比有何异同点？四种受控源的代号、电路模型、控制量与被控量的关系如何？

2. 四种受控源中的 r_m、g_m、α 和 μ 的意义是什么？如何测量？

3. 若受控源控制量的极性反向,试问其输出极性是否发生变化？

4. 受控源的控制特性是否适合于交流信号？

5. 如何由两个基本的 CCVS 和 VCCS 获得其他两个 CCCS 和 VCVS？它们的输入输出如何连接？

七、实验报告

1. 根据实验数据,在方格纸上分别绘出四种受控源的转移特性和负载特性曲线,并求出相应的转移参量。

2. 对预习思考题做必要的回答。

3. 对实验的结果做出合理的分析和结论,总结对四种受控源的认识和理解。

4. 心得体会及其他。

实验 4　基尔霍夫定律的验证

一、实验目的

1. 验证基尔霍夫定律的正确性,加深对基尔霍夫定律的理解。

2. 学会用电流插头、插座测量各支路电流的方法。

二、原理说明

基尔霍夫定律是电路的基本定律。测量某电路的各支路电流及每个元件两端的电压,应能分别满足基尔霍夫电流定律(Kirchhoff 's Current Law,KCL)和电压定律(Kirchhoff 's Voltage Law,KVL)。即对电路中的任意一个节点而言,应有 $\sum I = 0$;对任何一个闭合回路而言,应有 $\sum U = 0$。

运用上述定律时必须注意各支路或闭合回路中电流的正方向,此方向可预先设定。

三、实验设备(表 1.4.1)

表 1.4.1

序号	名　称	型号与规格	数　量	备　注
1	可调直流稳压电源	0～30 V	两路	
2	万　用　表		1	自备
3	电　压　表	0～300 V	1	
4	电位、电压测定实验电路板		1	HE-12
5	数字毫安表		1	

四、实验内容

实验电路如图 1.4.1 所示,采用实验箱 HE-12 的"基尔霍夫定律/叠加原理"线路。

1. 实验前先任意设定三条支路和三个闭合回路的电流正方向。图 1.4.1 中三条支路中的电流 I_1、I_2、I_3 的正方向已设定,三个闭合回路的正方向可设为 ADEFA、BADCB 和 FBCEF。

2. 分别将两路直流稳压电源接入电路,令 $U_1 = 6$ V,$U_2 = 12$ V。

3. 熟悉电流插头的结构,将电流插头的两端接至数字毫安表的正、负两端。

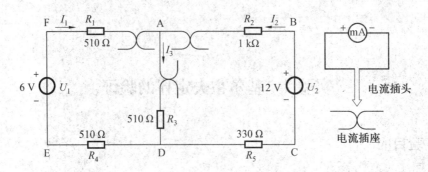

图 1.4.1

4. 将电流插头分别插入三条支路的三个电流插座中,读出并记录电流值,将数据填入表 1.4.2 中。

5. 用电压表分别测量两路电源及各电阻元件上的电压值,将数据填入表 1.4.2 中。

表 1.4.2

被测量	I_1/mA	I_2/mA	I_3/mA	U_1/V	U_2/V	U_{FA}/V	U_{AB}/V	U_{AD}/V	U_{CD}/V	U_{DE}/V
计算值										
测量值										
相对误差/%										

6. 将 HE-12 上的开关 K_3 拨向二极管侧,重新测量两路电源及各电阻元件上的电压值,并将数据填入表 1.4.3 中。

表 1.4.3

被测量	I_1/mA	I_2/mA	I_3/mA	U_1/V	U_2/V	U_{FA}/V	U_{AB}/V	U_{AD}/V	U_{CD}/V	U_{DE}/V
计算值										
测量值										
相对误差/%										

7. 将开关 K_3 拨向电阻侧,分别测量三种故障情况(HE-12 上有三个故障开关)下的两路电源及各电阻元件上的电压值,并将数据填入表 1.4.4~1.4.6 中。

表 1.4.4(故障1)

被测量	I_1/mA	I_2/mA	I_3/mA	U_1/V	U_2/V	U_{FA}/V	U_{AB}/V	U_{AD}/V	U_{CD}/V	U_{DE}/V
计算值										
测量值										
相对误差/%										

表 1.4.5(故障 2)

被测量	I_1/mA	I_2/mA	I_3/mA	U_1/V	U_2/V	U_{FA}/V	U_{AB}/V	U_{AD}/V	U_{CD}/V	U_{DE}/V
计算值										
测量值										
相对误差/%										

表 1.4.6(故障 3)

被测量	I_1/mA	I_2/mA	I_3/mA	U_1/V	U_2/V	U_{FA}/V	U_{AB}/V	U_{AD}/V	U_{CD}/V	U_{DE}/V
计算值										
测量值										
相对误差/%										

五、实验注意事项

1. 本实验线路板可多个实验通用,HE-12 上的开关 K_3 应拨向 330 Ω 侧,三个故障按键均不得按下,需用到电流插座。

2. 所有需要测量的电压值,均以电压表测量的读数为准。U_1、U_2 也需测量,不应取电源本身的显示值。

3. 防止稳压电源两个输出端碰线短路。

4. 若用指针式电压表或电流表测量电压或电流,如果仪表指针反偏,则必须调换仪表极性,重新测量,此时指针正偏,可读得电压或电流值。若用数显电压表或电流表测量,则可直接读出电压或电流值。但应注意的是,所读得的电压或电流值的正确正、负号应根据设定的电流方向来判断。

六、预习思考题

1. 根据图 1.4.1 的电路参数,计算出待测的电流 I_1、I_2、I_3 和各电阻上的电压值,填入表 1.4.2、表 1.4.3 中,以便实验测量时可正确地选定数字毫安表和电压表的量程。

2. 实验中,若用指针式万用表直流毫安挡测各支路电流,在什么情况下可能出现指针反偏?应如何处理?在记录数据时应注意什么?若用直流数字毫安表进行测量时,则会有什么显示呢?

七、实验报告

1. 根据实验数据,选定节点 A,验证 KCL 的正确性。

2. 根据实验数据,选定实验电路中的任一个闭合回路,验证 KVL 的正确性。

3. 误差原因分析。

4. 心得体会及其他。

实验 5　电压源与电流源的等效变换

一、实验目的

1. 掌握电源外特性的测试方法。
2. 验证电压源与电流源等效变换的条件。

二、原理说明

1. 一个直流稳压电源在一定的电流范围内,具有很小的内阻,常将它视为一个理想的电压源,即其输出电压不随负载电流变化而变化。其外特性曲线,即其伏安特性曲线 $U=f(I)$,是一条平行于 I 轴的直线。

一个恒流源在使用中,在一定的电压范围内可视为一个理想的电流源,即其输出电流不随负载两端的电压(亦即负载的电阻值)变化而变化。

2. 一个实际的电压源(或电流源),其端电压(或输出电流)不可能不随负载而变,因它具有一定的内阻值。故在实验中,用一个小阻值的电阻(或大电阻)与稳压源(或恒流源)相串联(或并联)来模拟一个实际的电压源(或电流源)。

3. 一个实际的电源,就其外部特性而言,既可以看成是一个电压源,又可以看成是一个电流源。若视为电压源,则可用一个理想的电压源 U_s 与一个电阻 R_0 相串联的组合来表示;若视为电流源,则可用一个理想电流源 I_s 与一电导 g_0 相并联的组合来表示。如果有两个电源,它们能向同样大小的电阻供出同样大小的电流和端电压,则称这两个电源是等效的,即具有相同的外特性。

一个电压源与一个电流源等效变换的条件为:

(1) 电压源变换为电流源: $I_s = U_s/R_0$,$g_0 = 1/R_0$。

(2) 电流源变换为电压源: $U_s = I_s R_0$,$R_0 = 1/g_0$。

电压源与电流源等效变换的电路图如图 1.5.1 所示。

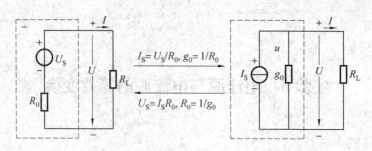

图 1.5.1

三、实验设备(表 1.5.1)

表 1.5.1

序号	名　称	型号与规格	数量	备　注
1	可调直流稳压电源	0 ~ 30 V	1	
2	可调直流恒流源	0 ~ 500 mA	1	
3	直流数字电压表	0 ~ 300 V	1	
4	直流数字毫安表	0 ~ 500 mA	1	
5	电阻器	100 Ω,120 Ω,200 Ω, 300 Ω,900 Ω,1 kΩ		HE-11

四、实验内容

1. 测定直流稳压电源(理想电压源)与实际电压源的外特性。

(1)利用 HE-11 上的元件和实验台上的电流插座,按图 1.5.2 接线。U_S 为可调直流稳压电源,调至+12 V。改变电阻 R_2 的阻值,令其阻值变化,记录直流数字电压表及直流数字毫安表两表的读数,并填写在表 1.5.2 中。

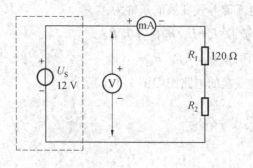

图 1.5.2

表 1.5.2

R_2/Ω	100	200	300	400	500	600	900	1 000
I/mA								
U/V								

（2）按图 1.5.3 接线，虚线框可模拟为一个实际的电压源。调节电阻 R_2，令其阻值变化，记录直流数字电压表及直流数字毫安表两表的读数，并填写在表 1.5.3 中。

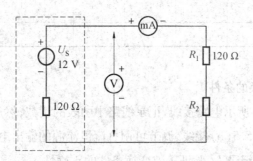

图 1.5.3

表 1.5.3

R_2/Ω	100	200	300	400	500	600	900	1 000
I/mA								
U/V								

2．测定电流源的外特性。

按图 1.5.4 接线，I_S 为可调直流恒流源，调节其输出为 10 mA，令 R_0 分别为 1 kΩ 或 ∞（即接入和断开），调节电阻 R_2，令其阻值变化，测出这两种情况下的直流数字电压表和直流数字毫安表的读数 U、I，并把测量数据分别填入表 1.5.4（R_0 为 ∞）、表 1.5.5（R_0 为 1 kΩ）中。

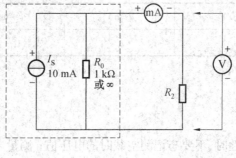

图 1.5.4

表1.5.4

R_2/Ω	100	200	300	400	500	600	900	1 000
U/V								
I/mA								

表1.5.5

R_2/Ω	100	200	300	400	500	600	900	1 000
U/V								
I/mA								

3. 测定电源等效变换的条件。

首先,按图1.5.5(a)所示电路接线,记录线路中两表的读数;然后,利用图1.5.5(a)中右侧的元件和仪表,按图1.5.5(b)接线,调节可调直流恒流源的输出电流 I_S,使两表的读数与图1.5.5(a)时的数值相等,记录 I_S,验证等效变换条件的正确性。

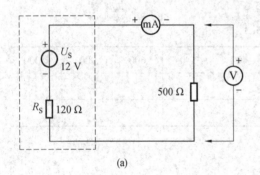

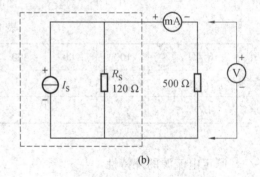

(a)	(b)

图 1.5.5

将图1.5.5(a)两表读数及图1.5.5(b)的 I_S 值填入表1.5.6中。

表1.5.6

U/V	I/mA	I_S/mA

五、实验注意事项

1. 在测量电压源外特性时,不要忘记测空载时的电压值;测量电流源外特性时,不要忘记测量短路时的电流值,注意恒流源负载电压不可超过 20 V。

2. 换接线路时,必须关闭电源开关。

3. 直流仪表的接入应注意极性与量程。

六、预习思考题

1. 直流稳压电源的输出端为什么不允许短路？

2. 电压源与电流源的外特性为什么呈下降变化趋势？稳压源和恒流源的输出在任何负载下是否保持恒值？

七、实验报告

1. 根据实验数据绘出电源的四条外特性曲线，并总结、归纳各类电源的特性。

2. 由实验结果验证电源等效变换的条件。

3. 心得体会及其他。

实验6 叠加原理的验证

一、实验目的

验证线性电路叠加原理的正确性,加深对线性电路的叠加性和齐次性的认识和理解。

二、原理说明

叠加原理:在有多个独立源共同作用的线性电路中,通过每一个元件的电流或其两端的电压,可以看成是由每一个独立源单独作用时在该元件上所产生的电流或电压的代数和。

线性电路的齐次性是指当激励信号(某独立源的值)增大 K 倍或减小为原来的 $1/K$ 时,电路的响应(即在电路中各电阻元件上所建立的电流和电压值)也将增大 K 倍或减小为原来的 $1/K$。

三、实验设备(表 1.6.1)

表1.6.1

序号	名　　称	型号与规格	数量	备　注
1	可调直流稳压电源	0~30 V	两路	
2	万用表		1	
3	直流数字电压表	0~300 V	1	
4	直流数字毫安表	0~500 mA	1	
5	叠加原理实验电路板		1	HE-12

四、实验内容

实验电路如图 1.6.1 所示,采用 HE-12 的"基尔夫定律/叠加原理"线路。

1. 将两路稳压源的输出分别调节为 12 V 和 6 V,接入 U_1 和 U_2 处。

2. 令 U_1 电源单独作用(将开关 S_1 拨向 U_1 侧,开关 S_2 拨向短路侧)。用直流数字电压表和直流数字毫安表(接电流插头)测量各支路电流及各电阻元件两端的电压,并将数据填入表1.6.2。

3. 令 U_2 电源单独作用(将开关 S_1 拨向短路侧,开关 S_2 拨向 U_2 侧),重复实验内容2,将数据填入表 1.6.2。

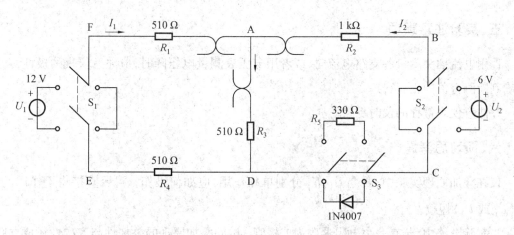

图 1.6.1

4. 令 U_1 和 U_2 共同作用(开关 S_1 和 S_2 分别拨向 U_1 和 U_2 侧),重复实验内容2,将数据填入表1.6.2。

5. 将 U_2 的数值调至+12 V,重复实验内容3,将数据填入表1.6.2。

表 1.6.2

实验内容	U_1 /V	U_2 /V	I_1 /mA	I_2 /mA	I_3 /mA	U_{AB} /V	U_{CD} /V	U_{AD} /V	U_{DE} /V	U_{FA} /V
U_1 单独作用										
U_2 单独作用										
U_1 和 U_2 共同作用										
$2U_2$ 单独作用										

6. 将 R_5(330 Ω)换成二极管 1N4007(即将开关 S_3 拨向二极管 1N4007 侧),重复实验内容 1~5,将数据填入表1.6.3。

表 1.6.3

实验内容	U_1 /V	U_2 /V	I_1 /mA	I_2 /mA	I_3 /mA	U_{AB} /V	U_{CD} /V	U_{AD} /V	U_{DE} /V	U_{FA} /V
U_1 单独作用										
U_2 单独作用										
U_1 和 U_2 共同作用										
$2U_2$ 单独作用										

五、实验注意事项

1.用电流插头测量各支路电流时,或者用电压表测量电压降时,应注意仪表的极性,并应正确判断测得值的正、负号。

2.注意仪表量程的及时更换。

六、预习思考题

1.在叠加原理实验中,要令 U_1、U_2 分别单独作用,应如何操作? 可否直接将不作用的电源(U_1 或 U_2)短接?

2.实验电路中,若有一个电阻器改为二极管,试问叠加原理的叠加性与齐次性还成立吗? 为什么?

七、实验报告

1.根据实验数据表格,进行分析、比较,归纳、总结实验结论,即验证线性电路的叠加性与齐次性。

2.各电阻器所消耗的功率能否用叠加原理计算得到? 试用上述实验数据进行计算并做出结论。

3.通过实验内容步骤6及分析表格1.6.2的数据,能得出什么样的结论?

4.心得体会及其他。

实验 7　戴维宁定理验证——有源二端网络等效参数测定

一、实验目的

1. 验证戴维宁定理和诺顿定理的正确性,加深对定理的理解。
2. 掌握测量有源二端网络等效参数的一般方法。

二、原理说明

1. 任何一个线性含源网络,如果仅研究其中一条支路的电压和电流,则可将电路的其余部分看作是一个有源二端网络(或称为含源一端口网络)。

戴维宁定理:任何一个线性有源网络,总可以用一个电压源与一个电阻的串联来等效代替,此电压源的电动势 U_S 等于这个有源二端网络的开路电压 U_{OC},其等效内阻 R_0 等于该网络中所有独立源均置零(理想电压源视为短路,理想电流源视为开路)时的等效电阻。

诺顿定理:任何一个线性有源网络,总可以用一个电流源与一个电阻的并联组合来等效代替,此电流源的电流 I_S 等于这个有源二端网络的短路电流 I_{SC},其等效内阻 R_0 定义同戴维宁定理。$U_{OC}(U_S)$ 和 R_0 或者 $I_{SC}(I_S)$ 和 R_0 称为有源二端网络的等效参数。

2. 有源二端网络等效参数的测量方法。

(1)开路电压、短路电流法测量 R_0。

在有源二端网络输出端开路时,用电压表直接测量其输出端的开路电压 U_{OC},然后再将其输出端短路,用电流表测量其短路电流 I_{SC},则等效内阻为 $R_0 = U_{OC}/I_{SC}$。如果二端网络的内阻很小,将其输出端口短路,则易损坏其内部元件,因此不宜采用此法。

(2)伏安法测量 R_0。

用电压表、电流表测量得出有源二端网络的外特性曲线,如图 1.7.1 所示。根据外特性曲线求出斜率 $\tan\varphi$,则内阻 $R_0 = \tan\varphi = \Delta U/\Delta I = U_{OC}/I_{SC}$。也可以先测量开路电压 U_{OC},再测量

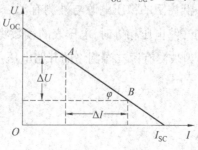

图 1.7.1

电流为额定值 I_N 时的输出端电压值 U_N，则内阻为 $R_0 = (U_{OC} - U_N) / I_N$。

（3）半电压法测量 R_0。

如图 1.7.2 所示，当负载电压为被测有源二端网络开路电压的一半时，负载电阻（由电阻箱的读数确定）即为被测有源二端网络的等效内阻值。

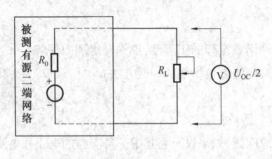

图 1.7.2

（4）零示法测量 U_{OC}。

在测量具有高内阻有源二端网络的开路电压时，用电压表直接测量会造成较大的误差。为了消除电压表内阻的影响，往往采用零示法测量，如图 1.7.3 所示。

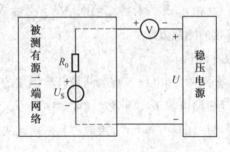

图 1.7.3

零示法测量原理是采用一低内阻的稳压电源与被测有源二端网络进行比较，当稳压电源的输出电压与有源二端网络的开路电压相等时，电压表的读数将为 0。然后将电路断开，测量此时稳压电源的输出电压，即为被测有源二端网络的开路电压。

三、实验设备(表 1.7.1)

表 1.7.1

序号	名 称	型号与规格	数量	备注
1	可调直流稳压电源	0 ~ 30 V	1	
2	可调直流恒流源	0 ~ 500 mA	1	
3	直流数字电压表	0 ~ 300 V	1	
4	直流数字毫安表	0 ~ 500 mA	1	
5	电位器	1 kΩ/2 kW	1	HE–11
6	戴维宁定理实验电路板		1	HE–12

四、实验内容

被测有源二端网络电路及等效电路图如图 1.7.4 所示,即 HE-12 实验箱中的戴维宁定理实验电路。

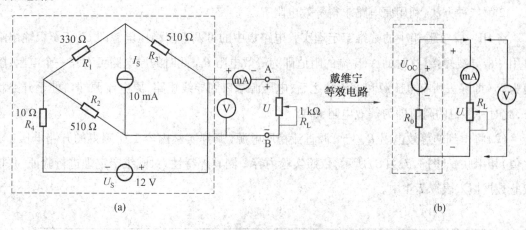

(a)   (b)

图 1.7.4

1. 采用开路电压、短路电流法测戴维宁等效电路中的 U_{OC} 和 R_0。按图 1.7.4(a)所示电路接入可调直流稳压电源(U_S = 12 V)和可调直流恒流源(I_S = 10 mA),不接入电位器 R_L。分别测得 U_{OC} 和 I_{SC},计算出 R_0,并将数据填入表 1.7.2 中。(测 U_{OC} 时,不接入直流数字毫安表)

表 1.7.2

U_{OC}/V	I_{SC}/mA	R_0/Ω

2. 负载实验。

按图 1.7.4(a) 所示电路接入电位器 R_L，改变电位器 R_L 阻值，测量不同端电压下的电流值，并将数据填入表 1.7.3 中，并据此画出有源二端网络的外特性曲线。

表 1.7.3

U/V	1	2	3	4	5	6	7	8	9	10
I/mA										

3. 验证戴维宁定理。

(1) 求等效电阻 R_0。

① 第一种方法，根据 $U/I = R$，即 $U_{OC}/I_{SC} = R_0$ 的原理，调节电位器 R_L 阻值，取得按实验内容 1 所得的等效电阻 R_0 之值。

由可调直流稳压电源、直流数字毫安表、电位器三个器件组成串联电路，将可调直流稳压电源的电压调节到 U_{OC} 值之后，开始调节电位器，直流数字毫安表的读数随着电位器阻值的变化相应地发生变化。当直流数字毫安表的读数为 I_{SC} 值时，电位器此时的阻值就等于 R_0 值。

② 第二种方法，利用原电路求得等效电阻 R_0。

将 HE-12 实验箱中的戴维宁定理实验电路板中的可调直流稳压电源即 U_S 正负极输出端口用一根导线短接，这时的 A、B 端的阻值即为等效电阻 R_0，此时的原电路可看作一个电阻，阻值为 R_0（即除去所有电压源和电流源之后，电压源端口用导线短路，原电流源端口处于开路状态，此时一端口的阻值即为等效电阻 R_0）。

(2) 将得到的等效电阻 R_0 与可调直流稳压电源（调到实验内容 1 所测得的开路电压 U_{OC} 之值）相串联，如图 1.7.4(b) 所示，依照实验内容 2 测其外特性，对戴维宁定理进行验证，并将实验数据填入表 1.7.4 中。

表 1.7.4

U/V	1	2	3	4	5	6	7	8	9	10
I/mA										

4. 验证诺顿定理。按图 1.7.5 所示电路接线，调节 I_{SC} 等于短路电流，并与 R_0 相并联，调节电位器 R_L 阻值，测出不同的电压所对应的电流值，将实验数据填入表 1.7.5 中。

表 1.7.5

U/V	1	2	3	4	5	6	7	8	9	10
I/mA										

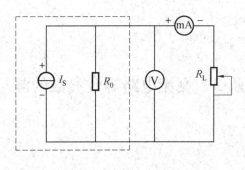

图 1.7.5

五、实验注意事项

1. 测量时应注意电流表量程的更换。

2. 用万用表直接测 R_0 时,二端网络内的独立源必须先置零,以免损坏万用表。其次,欧姆挡必须经调零后再进行测量。

3. 改接线路时,要关掉电源。

六、预习思考题

1. 在求戴维宁等效电路时,做短路实验,测 I_{sc} 的条件是什么? 在本实验中可否直接做负载短路实验? 请实验前对图 1.7.4(a)所示电路预先做好计算,以便调整及测量实验电路时可准确地选取电表的量程。

2. 说明测有源二端网络开路电压及等效内阻的几种方法,并比较其优缺点。

七、实验报告

1. 根据实验内容 2~4,分别绘出外特性曲线,验证戴维宁定理和诺顿定理的正确性,并分析产生误差的原因。

2. 归纳、总结实验结果。

3. 心得体会及其他。

实验8 交流电路等效参数的测量

一、实验目的

1. 学会用交流电压表、交流电流表和功率表测量元件的交流等效参数的方法。
2. 学会功率表的接法和使用方法。

二、原理说明

正弦交流信号激励下的元件值或阻抗值,可以用交流电压表、交流电流表及功率表分别测量出元件两端的电压 U、流过该元件的电流 I 和它所消耗的功率 P,然后通过计算得到所求的各值,这种方法称为三表法,是用来测量 50 Hz 交流电路参数的基本方法。

下面为计算的基本公式。

电阻元件的电阻: $R = U_R/I$ 或 $R = P/I^2$

电感元件的感抗: $X_L = 2\pi f L = U_L/I$

电容元件的容抗: $X_C = 1/(2\pi f C) = U_C/I$

串联电路复阻抗的模: $|Z| = U/I$;阻抗角: $\varphi = \arctan \dfrac{X}{R}$

阻抗的模: $|Z| = \dfrac{U}{I}$;电路的功率因数: $\cos \varphi = \dfrac{P}{UI}$

等效电阻: $R = \dfrac{P}{I^2} = |Z| \cos \varphi$,等效电抗: $X = |Z| \sin \varphi = \sqrt{|Z|^2 - R^2}$

三、实验设备(表 1.8.1)

表 1.8.1

序号	名称	型号与规格	数量	备注
1	交流电压表	0 ~ 450 V	1	
2	交流电流表	0 ~ 5 A	1	
3	智能功率表		1	
4	自耦调压器		1	
5	电感器	40 W 日光灯配用(镇流器)	1	HE-16
7	电容器	1 μF ,4.7 μF/500 V	1	HE-16
8	白炽灯	25 W /220 V	3	HE-17

四、实验内容

1.定值电阻器的测量(测量三盏并联 25 W 白炽灯的电阻值)。

根据图 1.8.1 所示电路,测定三盏并联 25 W 白炽灯的电阻值。调节自耦调压器的输出电压,使交流电流表的读数分别为 0.15 A、0.25 A、0.35 A 时,测量 U 和 P,分别由 $R=U/I$ 及 $R=U^2/P$ 计算出电阻的阻值,并加以比较,将实验数据填入表 1.8.2。

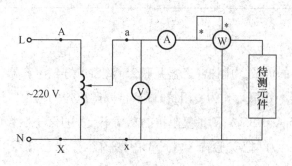

图 1.8.1

表 1.8.2

电流值	测量值		计算值/Ω	
I/A	U/V	P/W	$R=U/I$	$R=U^2/P$
0.15				
0.25				
0.35				

2.测定电容器(一个 4.7 μF 电容器 C)的电容值,并观察功率表有无读数。

调节自耦调压器的输出电压,使交流电压表的读数分别为 180 V、200 V、220 V 时,测量 I 和 P,计算电容器的电容值,将实验数据填入表 1.8.3。

表 1.8.3

电压值	测量值		计算值	
U/V	I/A	P/W	X_C/Ω	$C/\mu F$
180				
200				
220				

3.测定电感器(一个镇流器)的电感量。

调节自耦调压器的输出电压,使交流电流表的读数分别为 0.15 A、0.25 A、0.35 A 时,测量 U 和 P,计算电感器的阻抗值,将实验数据填入表 1.8.4 中。

表 1.8.4

电流值	测量值		计算值		
I/A	U/V	P/W	R_L/Ω	X_L/Ω	L/H
0.15					
0.25					
0.35					

4.复阻抗的测定。

将实验内容 1~3 的负载,电阻器(三盏并联 25 W 白炽灯)、电容器(一个 4.7 μF 电容器)和电感器(一个镇流器),串联后作为复阻抗,调节自耦调压器的输出电压,使交流电流表的读数分别为 0.15 A、0.25 A、0.35 A,测量复阻抗的总功率、总电压、电阻器电压、电容器电压和电感器电压(求计算值时,可把实验内容 1~3 中的内容作为已知量),将实验数据填入表 1.8.5 中。

表 1.8.5

电流值	测量值					计算值			
I/A	P/W	U/V	U_R/V	U_C/V	U_L/V	$|Z|$	R/Ω	$\varphi/(°)$	U/V
0.15									
0.25									
0.35									

五、实验注意事项

1.本实验直接采用市电 220 V 交流电源供电,实验中要特别注意人身安全,不可用手直接触摸通电线路的裸露部分,以免触电。

2.自耦调压器在接通电源前,应将其手柄置在零位上,调节时,使其输出电压从零开始逐渐升高。每次改接实验线路、换拨开关及实验完毕,都必须先将其旋柄慢慢调回零位,再断电源。必须严格遵守这一安全操作规程。

3.实验前应详细阅读智能功率表的使用说明书,熟悉其使用方法。

六、预习要求

1.掌握阻抗、阻抗角及相位差的概念。

2.预习交流电流表、交流电压表、智能功率表及自耦调压器的使用方法。

七、实验报告

1. 根据实验内容 1 的数据,计算白炽灯在不同电压下的电阻值。

2. 根据实验内容 2 的数据,计算电容器的容抗和电容值。

3. 根据实验内容 3 的数据,计算镇流器的参数(电阻 R、电感 L)。

4. 根据实验内容 4 的数据,计算各值。计算总电压时要求画相量图,验证相量形式的基尔霍夫电压定律。

注:实验报告中要求书写各计算过程。

实验 9　日光灯工作原理及功率因数的提高

一、实验目的

1. 研究正弦稳态交流电路中电压、电流相量之间的关系。

2. 掌握日光灯线路的接线方法。

3. 理解改善电路功率因数的意义并掌握其方法。

二、原理说明

1. 在单相正弦交流电路中,用交流电流表测得各支路的电流值,用交流电压表测得回路各元件两端的电压值,它们之间的关系满足相量形式的基尔霍夫定律,即 $\sum \dot{I} = 0$ 和 $\sum \dot{U} = 0$。

2. 图 1.9.1 所示的 RC 串联电路,在正弦稳态信号 $\dot{U}$ 的激励下,$\dot{U}_R$ 与 $\dot{U}_C$ 保持有 90°的相位差,即当 R 阻值改变时,$\dot{U}_R$ 的相量轨迹是一个半圆。$\dot{U}$、$\dot{U}_C$ 与 $\dot{U}_R$ 三者形成一个直角形的电压三角形,如图 1.9.2 所示。当 R 值改变时,可改变 φ 角的大小,从而达到移相的目的。

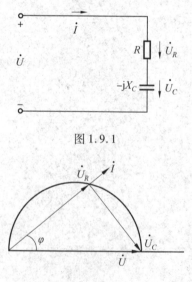

图 1.9.1

图 1.9.2

3. 日光灯接线电路如图 1.9.3 所示,图中 A 是日光灯管,L 是镇流器,S 是启辉器,C 是补偿电容器,用以改善电路的功率因数($\cos \varphi$ 值)。

日光灯的整体电路如图 1.9.4 所示。其工作原理是:当开关接通的时候,电源电压立即通过镇流器和灯管灯丝加到启辉器的两极,220 V 的电压立即使启辉器的惰性气体电离,产生辉光放电,辉光放电的热量使启辉器内部动触片在受热膨胀时与内部的静触片接触,电流通过镇流器、启辉器动静触片和两端灯丝构成通路,灯丝很快被电流加热,发射出大量电子。这时由于启辉器两极闭合,两极间电压为零,辉光放电消失,管内温度降低,双金属片自动复位,两极断开,在两极断开的瞬间,电路电流突然切断,镇流器产生很大的自感电动势,与电源电压叠加后作用于灯管两端。灯丝受热时发射出来的大量电子,在灯管两端高电压作用下,以极大的速度由低电势端向高电势端运动,在加速运动的过程中,碰撞管内氩气分子,使之迅速电离,氩气电离生热,热量使水银产生蒸气,随之水银蒸气也被电离,并发出强烈的紫外线,在紫外线的激发下,管壁内的荧光粉发出近乎白色的可见光。

日光灯正常发光后,由于交流电不断通过镇流器的线圈,线圈中产生自感电动势,自感电动势阻碍线圈中的电流变化,这时镇流器起降压、限流的作用,使电流稳定在灯管的额定电流范围内,灯管两端电压也稳定在额定工作电压范围内。由于这个电压低于启辉器的电离电压,所以并联在两端的启辉器不再起作用。

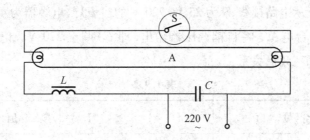

图 1.9.3

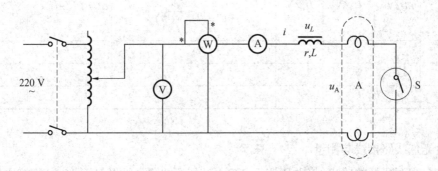

图 1.9.4

三、实验设备(表 1.9.1)

表 1.9.1

序号	名称	型号与规格	数量	备注
1	交流电压表	0 ~ 450 V	1	

续表1.9.1

序号	名称	型号与规格	数量	备注
2	交流电流表	0~5 A	1	
3	功率表		1	
4	自耦调压器		1	
5	镇流器、启辉器	与30 W灯管配用	各1	HE-16
6	日光灯灯管	30 W	1	屏内
7	电容器	1 μF,2.2 μF,4.7 μF/500 V	各1	HE-16
8	白炽灯及灯座	220 V,25 W	1~3	HE-17
9	电流插座		3	屏上

四、实验内容

1. 按图 1.9.1 所示电路接线,R 为 25 W/220 V 的白炽灯,电容器为 4.7 μF/500 V。经检查无误后,接通实验台电源,将自耦调压器输出(即 U)调至 220 V。记录 U、U_R、U_C 值于表 1.9.2 中,验证电压的三角形关系。

表1.9.2

灯/盏数	测　量　值			计　算　值		
	U/V	U_R/V	U_C/V	U'(与 U_R、U_C 组成 Rt△) $\left(U'=\sqrt{U_R^2+U_C^2}\right)$	$\Delta U=(U'-U)$/V	$\dfrac{\Delta U}{U}\times100\%$/%
1						
2						
3						

2. 日光灯线路接线与测量。

调节自耦调压器的输出,将电压调至 220 V。切断电源,利用 HE-16 实验箱中"30 W 日光灯实验器件"、实验台上与 30 W 日光灯管连通的插孔及相关器件,按图 1.9.4 接线。经检查无误后,接通实验台电源,测量功率 P,电流 I,电压 U、U_L、U_A 等值,并记录于表 1.9.3 中。

表1.9.3

测量数值	P/W	$\cos\varphi$	I/A	U/V	U_L/V	U_A/V
正常工作值						

3.并联电容,改善电路功率因数。

将自耦调压器的输出调至220 V。切断电源,利用实验台上的电流插座,按图1.9.5进行接线。

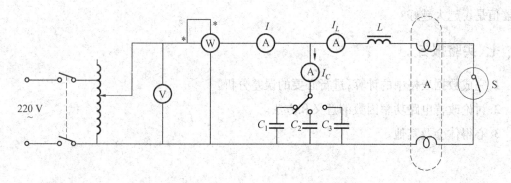

图 1.9.5

经检查无误后,接通实验台电源,记录功率表、电压表读数,改变电容值,进行重复测量,将数据填入表1.9.4中。当电容值为0时,并联电容位置为开路。

表 1.9.4

电容值	测 量 数 值					
/μF	P/W	cos φ	U/V	I/A	I_L/A	I_C/A
0						
1						
2.2						
4.7						
2.2//4.7						

五、实验注意事项

1.本实验采用交流市电220 V,务必注意用电和人身安全。

2.功率表要正确接入电路,读数时要注意量程和实际读数的折算关系。

3.若电路接线正确,但日光灯不能启辉时,应检查启辉器及其接触是否良好。

六、预习思考题

1.参阅课外资料,了解日光灯的启辉原理。

2.在日常生活中,当日光灯上缺少了启辉器时,人们常用一根导线将启辉器的两端短接一下,然后迅速断开,使日光灯点亮;或用一只启辉器去点亮多只同类型的日光灯,这是为什么?(HE-16实验箱上有短接按钮,可用它代替启辉器做一下实验)

3. 为了提高电路的功率因数,常在感性负载上并联电容器,此时增加了一条电流支路,试问电路的总电流是增大还是减小? 此时感性元件上的电流和功率是否改变?

4. 提高线路功率因数为什么只采用并联电容器法,而不采用串联电容器法? 所并联的电容器值是否越大越好?

七、实验报告

1. 完成数据表格中的计算,进行必要的误差分析。

2. 讨论改善电路功率因数的意义和方法。

3. 心得体会及其他。

实验 10　RC 一阶电路的响应测试

一、实验目的

1. 测定 RC 一阶电路的零输入响应、零状态响应及完全响应。
2. 学习电路时间常数的测量方法。
3. 掌握有关微分电路和积分电路的概念。
4. 进一步学会用示波器观测波形。

二、原理说明

1. 动态网络的过渡过程是十分短暂的单次变化过程。要用普通示波器观察过渡过程和测量有关的参数,就必须使这种单次变化的过程重复出现。为此,利用信号发生器输出的方波来模拟阶跃激励信号,即利用方波输出的上升沿作为零状态响应的正阶跃激励信号;利用方波的下降沿作为零输入响应的负阶跃激励信号。只要选择方波的重复周期远大于电路的时间常数 τ,那么电路在这样的方波序列脉冲信号的激励下,它的响应就和直流电接通与断开的过渡过程基本相同。

2. 图 1.10.1 所示的 RC 一阶电路的零输入响应和零状态响应分别按指数规律衰减和增长,其变化的快慢决定于电路的时间常数 τ。

3. 时间常数 τ 的测定方法。

用示波器测量零输入响应的波形如图 1.10.1(a) 所示。

根据一阶微分方程求解得 $u_C = U_m e^{-t/RC} = U_m e^{-t/\tau}$。当 $t = \tau$ 时,$U_C(\tau) = 0.368 U_m$。此时所对应的时间就等于 τ,亦可用零状态响应波形增加到 $0.632 U_m$ 所对应的时间测得,如图 1.10.1(c) 所示。

4. 微分电路和积分电路是 RC 一阶电路中较典型的电路,它对电路元件参数和输入信号的周期有着特定的要求。一个简单的 RC 串联电路,在方波序列脉冲的重复激励下,当满足 $\tau = RC \ll \dfrac{T}{2}$($T$ 为方波脉冲的重复周期)时,若由 R 两端的电压作为响应输出,这就是一个微分电路。因为此时电路的输出信号电压与输入信号电压的微分成正比,如图 1.10.2(a) 所示。利用微分电路可以将方波转变成尖脉冲。

若将图 1.10.2(a) 中的 R 与 C 位置调换一下,如图 1.10.2(b) 所示,用 C 两端的电压作为响应输出。当电路的参数满足 $\tau = RC \gg \dfrac{T}{2}$ 条件时,即称为积分电路。因为此时电路的输出信

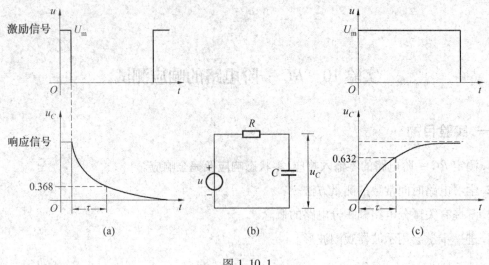

图 1.10.1

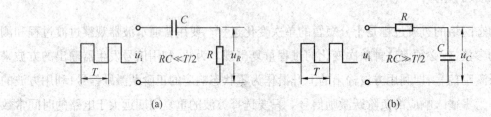

图 1.10.2

号电压与输入信号电压的积分成正比,利用积分电路可以将方波转变成三角波。

从输入输出波形来看,上述两个电路均起着波形变换的作用,请在实验过程中仔细观察与记录。

三、实验设备(表 1.10.1)

表 1.10.1

序号	名　称	型号与规格	数量	备注
1	脉冲信号发生器		1	
2	示波器		1	
3	动态电路实验板		1	HE-14

四、实验内容

实验电路板采用 HE-14 的"一阶、二阶动态电路",如图 1.10.3 所示,请认清 R、C 元件的布局及其标称值,各开关的通断位置等。

1. 从电路板上选 $R = 10\ \text{k}\Omega$,$C = 6\ 800\ \text{pF}$ 组成如图 1.10.1(b)所示的 RC 充放电电路。u

为脉冲信号发生器输出的 $U_m = 3$ V，$f = 1$ kHz 的方波电压信号，并通过两根同轴电缆线，将激励源 u 和响应 u_C 的信号分别连至示波器的两个输入口 Y_A 和 Y_B，这时可在示波器的屏幕上观察到激励与响应的变化规律，请测算出时间常数 τ，并按 1：1 的比例描绘波形。

少量地改变电容值或电阻值，定性地观察它们对响应的影响，记录观察到的现象。

2. 令 $C = 0.1$ μF，$R = 100$ Ω，组成如图 1.10.2(a) 所示的微分电路。在同样的方波激励信号（$U_m = 3$ V，$f = 1$ kHz）作用下，观测并描绘激励与响应的波形。增减 R 值，定性地观察对响应的影响，并做记录。

3. 令 $R = 10$ kΩ，$C = 0.1$ μF，组成如图 1.10.2(b) 所示的积分电路，观察并描绘响应的波形，继续增大 C 值，定性地观察对响应的影响，并做记录。

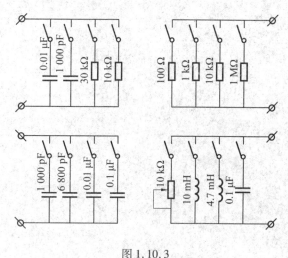

图 1.10.3

五、实验注意事项

1. 调节电子仪器各旋钮时，动作不要过快、过猛。实验前，需熟读示波器的使用说明书。观察时，要特别注意相应开关、旋钮的操作与调节。

2. 信号源的接地端与示波器的接地端要连在一起（称为共地），以防外界干扰而影响测量的准确性。

3. 示波器的辉度不应过亮，尤其是光点长期停留在荧光屏上不动时，应将辉度调暗，以延长示波管的使用寿命。

六、预习思考题

1. 什么样的电信号可作为 RC 一阶电路零输入响应、零状态响应和完全响应的激励信号？

2. 已知 RC 一阶电路 $R = 10$ kΩ，$C = 0.1$ μF，试计算时间常数 τ，并根据 τ 值的物理意义，拟订测量 τ 的方案。

3. 何谓积分电路和微分电路？它们必须具备什么条件？它们在方波序列脉冲的激励下，

其输出信号波形的变化规律如何？这两种电路有何功用？

七、实验报告

1. 根据实验观测结果,在纸上绘出 RC 一阶电路充放电时 u_C 的变化曲线,由曲线测得 τ 值,并与参数值的计算结果做比较,分析误差原因。

2. 根据实验观测结果,归纳、总结积分电路和微分电路的形成条件,阐明波形变换的特征。

3. 心得体会及其他。

实验 11　三相交流电路电压、电流的测量

一、实验目的

1. 掌握三相负载星形连接、三角形连接的方法，验证这两种接法的线、相电压及线、相电流之间的关系。

2. 充分理解三相四线制供电系统中中线的作用。

二、原理说明

1. 三相负载可接成星形（又称为 Y 接）或三角形（又称为 △ 接）。当三相对称负载做 Y 连接时，线电压 U_l 是相电压 U_p 的 $\sqrt{3}$ 倍，线电流 I_l 等于相电流 I_p，即

$$U_l = \sqrt{3}\, U_p, \quad I_l = I_p$$

在这种情况下，流过中线的电流 $I_0 = 0$，所以可以省去中线。

当对称三相负载做 △ 连接时，有 $I_l = \sqrt{3}\, I_p$，$U_l = U_p$。

2. 不对称三相负载做 Y 连接时，必须采用三相四线制接法，即 Y_0 接法，而且中线必须牢固连接，以保证三相不对称负载的每相电压维持对称不变。

倘若中线断开，会导致三相负载电压的不对称，致使负载轻的那一相的相电压过高，使负载遭受损坏；负载重的一相相电压又过低，使负载不能正常工作。尤其是对于三相照明负载，无条件地一律采用 Y_0 接法。

3. 当不对称负载做 △ 连接时，$I_l \neq \sqrt{3}\, I_p$，但只要电源的线电压 U_l 对称，加在三相负载上的电压仍是对称的，对各相负载工作没有影响。

三、实验设备（表 1.11.1）

表 1.11.1

序号	名　称	型号与规格	数量	备注
1	交流电压表	0～450 V	1	
2	交流电流表	0～5 A	1	
3	万用表		1	自备
4	三相自耦调压器		1	
5	三相灯组负载	220 V/25 W 白炽灯	9	HE-17
6	电门插座		3	屏上

四、实验内容

1. 三相负载星形连接(三相四线制供电)。

调节三相自耦调压器的输出,使输出的三相线电压为 220 V。切断电源,按图 1.11.1 所示连接实验电路。三相灯组负载经三相自耦调压器接通三相对称电源。经检查无误后,方可开启实验台电源,然后按表 1.11.2 内容完成各项实验,并将所测得的数据填入表 1.11.2 中。观察各相灯组亮暗的变化程度,特别要注意观察中线的作用。

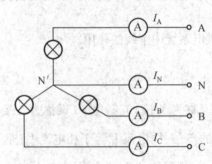

图 1.11.1

表 1.11.2

实验内容 (负载情况)	开灯盏数			线电流/mA			线电压/V			相电压/V			中线 电流 I_0/mA	中点 电压 U_{N0}/V
	A相	B相	C相	I_A	I_B	I_C	U_{AB}	U_{BC}	U_{CA}	U_{AO}	U_{BO}	U_{CO}		
Y_0 接平衡负载	3	3	3											
Y 接平衡负载	3	3	3											
Y_0 接不平衡负载	1	2	3											
Y 接不平衡负载	1	2	3											
Y_0 接 B 相断开	1	0	3											
Y 接 B 相断开	1	0	3											
Y 接 B 相短路	1	0	3											

2. 负载三角形连接(三相三线制供电)。

调节三相自耦调压器,使其输出线电压为 220 V。切断电源,按图 1.11.2 接线,经检查无误后,方可接通三相电源,并按表 1.11.3 的内容进行实验。

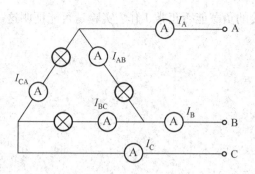

图 1.11.2

表 1.11.3

负载情况	开 灯 盏 数			线电压＝相电压/V			线电流/mA			相电流/mA		
	A-B 相	B-C 相	C-A 相	U_{AB}	U_{BC}	U_{CA}	I_A	I_B	I_C	I_{AB}	I_{BC}	I_{CA}
三相平衡	3	3	3									
三相不平衡	1	2	3									

五、实验注意事项

1. 本实验采用三相交流市电,线电压为 220 V,应穿绝缘鞋进实验室。实验时要注意人身安全,不可触及导电部件,防止意外事故发生。

2. 每次接线完毕,同组同学应自查一遍,然后由指导教师检查后,方可接通电源,必须严格遵守先断电、再接线、后通电,先断电、后拆线的实验操作原则。

3. 星形负载做短路实验时,必须首先断开中线,以免发生短路事故。

六、预习思考题

1. 三相负载根据什么条件做星形或三角形连接?

2. 复习三相交流电路有关内容,试分析三相星形连接不对称负载在无中线情况下,当某相负载开路或短路时会出现什么情况? 如果接上中线,情况又如何?

3. 本次实验中为什么要通过三相自耦调压器将 380 V 的市电线电压降为 220 V 的线电压使用?

七、实验报告

1. 根据实验测得的数据验证对称三相电路中的 $\sqrt{3}$ 关系。

2. 根据实验数据和观察到的现象,总结三相四线制供电系统中中线的作用。

3. 星形连接中,“Y_0 接 B 相断开”与“Y 接 B 相断开”的实验现象有什么不同? 为什么?

4. 不对称三角形连接的负载能否正常工作？实验是否能证明这一点？

5. 心得体会及其他。

实验 12　三相电路功率的测量

一、实验目的

1. 掌握用一瓦特表法、二瓦特表法测量三相电路有功功率与无功功率的方法。
2. 进一步熟练掌握功率表的接线和使用方法。

二、原理说明

1. 对于三相四线制供电的三相星形(即 Y_0 接法)连接的负载,可用一只功率表测量各相的有功功率 P_A、P_B、P_C,则三相功率之和($\sum P = P_A + P_B + P_C$)即为三相负载的总有功功率值。这就是一瓦特表法,如图 1.12.1 所示。若三相负载是对称的,则只需测量一相的功率,再乘以 3 即可得三相总的有功功率。

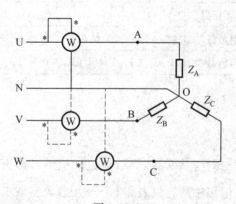

图 1.12.1

2. 三相三线制供电系统中,不论三相负载是否对称,也不论负载是 Y 接法还是 △ 接法,都可用二瓦特表法测量三相负载的总有功功率,测量电路如图 1.12.2 所示。若负载为感性或容性,且当相位差 $\varphi > 60°$ 时,电路中的一只功率表指针将反偏(数字式功率表将出现负读数),这时应将功率表电流线圈的两个端子调换(不能调换电压线圈端子),其读数应记为负值。而三相总功率 $\sum P = P_1 + P_2$(P_1、P_2 本身无任何意义)。

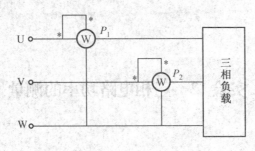

图 1.12.2

三、实验设备(表 1.12.1)

表 1.12.1

序号	名 称	型号与规格	数量	备注
1	交流电压表	0 ~ 450 V	2	
2	交流电流表	0 ~ 5 A	2	
3	单相功率表		2	
4	万用表		1	自备
5	三相自耦调压器		1	
6	三相灯组负载	220 V/25 W 白炽灯	9	HE-17
7	三相电容负载	1 μF,2.2 μF,4.7 μF/ 500 V	各 3	HE-20

四、实验内容

1. 用一瓦特表法测定三相 Y_0 接对称负载以及 Y_0 接不对称负载的总功率 $\sum P$,实验按图 1.12.3 所示电路接线。电路中的电流表和电压表用以监测该相的电流和电压,不要超过功率表电压和电流的量程。

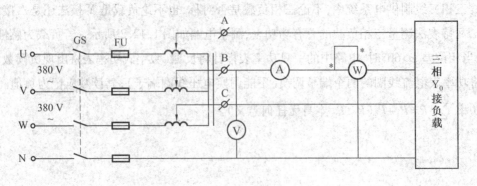

图 1.12.3

经检查无误后,接通三相电源,调节调压器输出,使输出线电压为 220 V,按表 1.12.2 的要求进行测量与计算。首先将三只表按图 1.12.3 所示接入 B 相进行测量,然后分别将三只表换接到 A 相和 C 相,再进行测量,并将数据填入表 1.12.2 中。

表 1.12.2

负载情况	开灯数/盏			测量数据			计算值
	A 相	B 相	C 相	P_A/W	P_B/W	P_C/W	$\sum P$/W
Y_0 接对称负载	3	3	3				
Y_0 接不对称负载	1	2	3				

2.用二瓦特表法测定三相负载的总功率。

(1) 按图 1.12.4 所示电路接线,将三相灯组负载接成 Y 形。

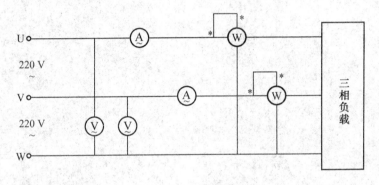

图 1.12.4

接通三相电源,调节调压器的输出线电压为 220 V,按表 1.12.2 中的内容进行测量。

(2) 将三相灯组负载改成 △ 形接法,重复(1)的测量步骤,并将数据填入表 1.12.3 中。

表 1.12.3

负载情况	开灯数/盏			测量数据		计算值
	A 相	B 相	C 相	P_1 /W	P_2 /W	$\sum P$ /W
Y 接平衡负载	3	3	3			
Y 接不平衡负载	1	2	3			
△接不平衡负载	1	2	3			
△接平衡负载	3	3	3			

五、实验注意事项

每次实验完毕,均需将三相调压器旋柄调回零位。每次改变接线,均需断开三相电源,以确保人身安全。

六、预习思考题

1. 复习二瓦特表法测量三相电路有功功率的原理。

2. 复习一瓦特表法测量三相对称负载无功功率的原理。

3. 测量功率时为什么在线路中通常都接有电流表和电压表？

七、实验报告

1. 完成数据表格中的各项测量和计算任务，比较一瓦特表和二瓦特表法的测量结果。

2. 分析、总结三相电路功率测量的方法与结果。

3. 心得体会及其他。

实验 13　二端口网络测试

一、实验目的

1. 加深理解二端口网络的基本理论。
2. 掌握直流二端口网络传输参数的测量技术。

二、原理说明

对于任何一个线性网络,关心的往往只是输入端口和输出端口的电压和电流之间的关系,并通过实验测定方法求取一个极其简单的等值二端口电路来替代原网络,此即为"黑盒理论"的基本内容。

1. 一个二端口网络两个端口的电压和电流四个变量之间的关系，可以用多种形式的参数方程来表示。本实验采用输出口的电压 U_2 和电流 I_2 作为自变量,以输入口的电压 U_1 和电流 I_1 作为应变量,所得的方程称为二端口网络的传输方程。图 1.13.1 所示的无源线性二端口网络(又称为四端网络)的传输方程为 $U_1 = AU_2 + BI_2$, $I_1 = CU_2 + DI_2$。式中,A、B、C、D 为该二端口网络的传输参数,其值完全决定于网络的拓扑结构及各支路元件的参数值。这四个参数表征了该二端口网络的基本特性,它们的含义是:

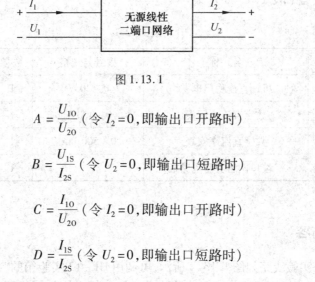

图 1.13.1

$$A = \frac{U_{1O}}{U_{2O}}\ (\text{令 } I_2 = 0,\text{即输出口开路时})$$

$$B = \frac{U_{1S}}{I_{2S}}\ (\text{令 } U_2 = 0,\text{即输出口短路时})$$

$$C = \frac{I_{1O}}{U_{2O}}\ (\text{令 } I_2 = 0,\text{即输出口开路时})$$

$$D = \frac{I_{1S}}{I_{2S}}\ (\text{令 } U_2 = 0,\text{即输出口短路时})$$

由以上可知,只要在网络的输入口加上电压,在两个端口同时测量其电压和电流,即可求出 A、B、C、D 四个参数,此即为双端口同时测量法。

2.若要测量一条远距离输电线构成的二端口网络,采用同时测量法就很不方便。这时可采用分别测量法,即先在输入口加电压,而将输出口开路或短路,在输入口测量电压和电流,由传输方程可得

$$R_{10} = \frac{U_{10}}{I_{10}} = \frac{A}{C} \; (令\, I_2 = 0,即输出口开路时)$$

$$R_{1S} = \frac{U_{1S}}{I_{1S}} = \frac{B}{D} \; (令\, U_2 = 0,即输出口短路时)$$

然后在输出口加电压,而将输入口开路和短路,测量输出口的电压和电流。此时可得

$$R_{20} = \frac{U_{20}}{I_{20}} = \frac{D}{C} \; (令\, I_1 = 0,即输入口开路时)$$

$$R_{2S} = \frac{U_{2S}}{I_{2S}} = \frac{B}{A} \; (令\, U_1 = 0,即输入口短路时)$$

R_{10}、R_{1S}、R_{20}、R_{2S}分别表示一个端口开路和短路时另一端口的等效输入电阻。对于无源线性二端口,A、B、C、D四个参数中有三个是独立的,且有 $AD - BC = 1$。至此,可求出四个传输参数:$A = \sqrt{R_{10}/(R_{20} - R_{2S})}$,$B = R_{2S}A$,$C = A/R_{10}$,$D = R_{20}C$。

3.二端口网络级联后的等效二端口网络的传输参数亦可采用前述的方法之一求得。从理论推得两个二端口网络级联后的传输参数与每一个参加级联的二端口网络的传输参数之间有如下的关系:

$$A = A_1A_2 + B_1C_2, \qquad B = A_1B_2 + B_1D_2$$
$$C = C_1A_2 + D_1C_2, \qquad D = C_1B_2 + D_1D_2$$

三、实验设备(表1.13.1)

表1.13.1

序号	名　称	型号与规格	数量	备注
1	可调直流稳压电源	0 ~ 30 V	1	
2	数字直流电压表	0 ~ 300 V	1	
3	数字直流毫安表	0 ~ 500 mA	1	
4	二端口网络实验电路板		1	HE-12

四、实验内容

二端口网络实验线路如图1.13.2所示,可利用HE-12实验箱的"二端口网络/互易定理"线路。将可调直流稳压电源的输出电压调到10 V,作为二端口网络的输入。

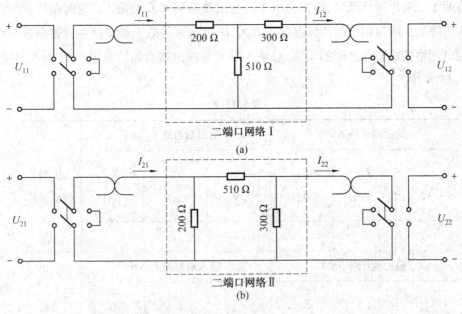

图 1.13.2

1. 按同时测量法分别测定两个二端口网络的传输参数 A_1、B_1、C_1、D_1 和 A_2、B_2、C_2、D_2，并列出它们的传输方程，并将数据填入表 1.13.2、表 1.13.3 中。

表 1.13.2

二端口网络I		测 量 值			计 算 值	
	输出端开路 $I_{12}=0$	U_{110}/V	U_{120}/V	I_{110}/mA	A_1	B_1
	输出端短路 $U_{12}=0$	U_{11S}/V	I_{11S}/mA	I_{12S}/mA	C_1	D_1

表 1.13.3

二端口网络II		测 量 值			计 算 值	
	输出端开路 $I_{22}=0$	U_{210}/V	U_{220}/V	I_{210}/mA	A_2	B_2
	输出端短路 $U_{22}=0$	U_{21S}/V	I_{21S}/mA	I_{22S}/mA	C_2	D_2

2. 将两个二端口网络级联,即将网络 Ⅰ 的输出接至网络 Ⅱ 的输入。用两端口分别测量法测量级联后等效二端口网络的传输参数 A、B、C、D,并验证等效二端口网络传输参数与级联的两个二端口网络传输参数之间的关系,总输入端或总输出端所加的电压仍为 10 V,并将数据填入表 1.13.4 中。

表 1.13.4

输出端开路 $I_2=0$			输出端短路 $U_2=0$			计 算 传输参数
U_{10} /V	I_{10} /mA	R_{10} /kΩ	U_{1S} /V	I_{1S} /mA	R_{1S} /kΩ	
输入端开路 $I_1=0$			输入端短路 $U_1=0$			$A=$ $B=$ $C=$ $D=$
U_{20} /V	I_{20} /mA	R_{20} /kΩ	U_{2S} /V	I_{2S} /mA	R_{2S} /kΩ	

五、实验注意事项

1. 用电流插头、插座测量电流时,要注意判别电流表的极性及选取适合的量程(根据所给的电路参数,估算电流表量程)。

2. 实验中,如果测得的 I 或 U 为负值,则计算传输参数时取其绝对值。

六、预习思考题

1. 简述二端口网络同时测量法与分别测量法的测量步骤、优缺点及其适用情况。

2. 本实验方法可否用于交流二端口网络的测定?

七、实验报告

1. 完成对数据表格的测量和计算任务。

2. 列写参数方程。

3. 验证级联后等效二端口网络的传输参数与级联的两个二端口网络传输参数之间的关系。

4. 总结、归纳二端口网络的测试技术。

5. 心得体会及其他。

实验 14　直流电路分析与仿真

一、实验目的

1. 熟悉 Multisim 仿真软件的使用方法,提高电路分析的能力,加深对理论知识的理解。

2. 应用 Multisim 仿真软件建立电路,测量电压、电流数据,建立数据对应关系。

3. 加深对基尔霍夫定律的理解。

二、实验设备

台式计算机、Multisim 仿真软件、万用表、电阻、直流电源、开关等。

三、实验内容

1. 从元件库中调用所需要元件。

从"源(Source)"库中,选取两个直流电源(Source—POWER SOURCES—DC POWER);

从"源(Source)"库中,选取一个"地"(Source—POWER SOURCES—GROUND);

从"基础元件(Basic)"库中,选取四个电阻(Basic—RESISTOR);

从"基础元件(Basic)"库中,选取两个按键开关(Basic—SWITCH—DIPSW1)。

选取元件结束后,修改各元件参数值,双击参数值不正确的元件,选择 Value 菜单栏。其中,直流电源修改 Voltage(V)项;电阻修改 Resistance(R)项;按键修改 key for toggle 项。要求两个直流电源电压分别为 $U_1 = 6$ V 和 $U_2 = 12$ V;五个电阻阻值分别为 $R_1 = 510$ Ω、$R_2 = 1$ kΩ、$R_3 = 510$ Ω、$R_4 = 510$ Ω、$R_5 = 330$ Ω;两个按键开关 Key 分别为 S_1 的 Key=A,S_2 的 Key=B。

2. 元件参数修改后,按照图 1.14.1 所示连接电路。在电路窗口按鼠标右键,选择 Place graphic—text,在窗口单击鼠标左键,放置字母 A、B、C、D、E、F。

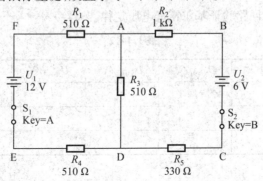

图 1.14.1

3. 按图1.14.2所示电路接入万用表,万用表选择直流电流挡,并要注意三个万用表的极性,合上开关S_1和S_2,开启仿真开关,对电路进行仿真。记录万用表显示的数值,并填入表1.14.1中,然后对节点A验证基尔霍夫电流定律。

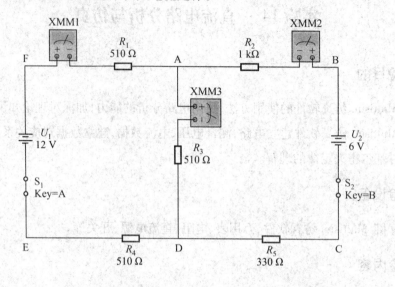

图1.14.2

表1.14.1

参　　数	I_{XMM1}/mA	I_{XMM2}/mA	I_{XMM3}/mA
S_1 和 S_2 闭合,$R_1 = 510\ \Omega$			
S_1 和 S_2 闭合,$R_1 = 680\ \Omega$			
S_1 和 S_2 闭合,$R_1 = 1\ k\Omega$			
S_1 和 S_2 闭合,$R_1 = 2\ k\Omega$			

4. 按图1.14.3所示电路接入万用表,万用表选择直流电压挡,并要注意五个万用表的极性,合上开关S_1和S_2,开启仿真开关,对电路进行仿真。记录万用表显示的数值,并填入表1.14.2中,然后根据对应回路验证基尔霍夫电压定律。

表1.14.2

参数	U_{XMM1}/V	U_{XMM2}/V	U_{XMM3}/V	U_{XMM4}/V	U_{XMM5}/V
S_1 和 S_2 闭合					
S_1 闭合,S_2 打开					
S_1 打开,S_2 闭合					

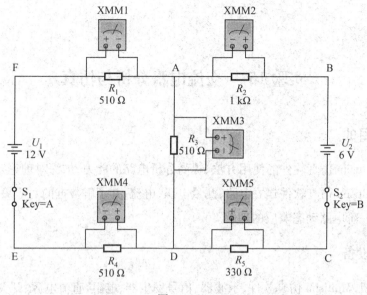

图 1.14.3

四、实验注意事项

1. 万用表需要根据测量量选择对应的电压挡或电流挡,同时注意极性。

2. 各元件参数值要根据实验内容进行设置。

五、实验预习

熟悉 Multisim 仿真软件的使用方法。

六、实验报告要求

1. 根据实验数据对节点 A 验证基尔霍夫电流定律。

2. 根据实验数据验证各回路的基尔霍夫电压定律。

实验 15   交流电路分析与仿真

一、实验目的

1. 熟悉 Multisim 仿真软件的使用方法,提高分析电路的能力,加深对理论知识的理解。

2. 应用 Multisim 仿真软件建立电路,测量电压、电流,并了解数据的对应关系。

3. 加深对一阶电路动态响应的理解。

二、实验设备

台式计算机、Multisim 仿真软件、示波器、信号发生器、电阻、直流电源、开关等。

三、实验内容

1. 按图 1.15.1 所示电路选取元件,并连接电路。运行仿真开关,反复按空格键,使得开关反复打开或闭合,同时打开示波器,观察电容的充放电过程。适当改变电阻或电容值,观察对电容充放电的影响。

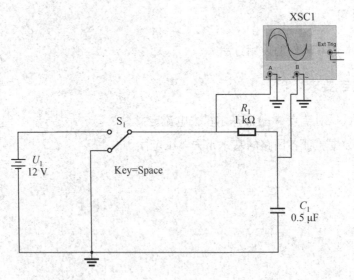

图 1.15.1

2. 按图 1.15.2 所示构建积分电路,运行仿真开关,同时打开示波器,观察电路的输入、输出波形。要注意,输入方波信号的脉宽应远小于 RC 的时间常数,信号发生器参数设置:方波输出,频率 Frequency = 400 Hz,占空比 Duty cycle = 50%,幅值 Amplitude = 5 Vp,偏移 Offset = 5 V。示波器参数设置:扫描时间区块 Timebase 中,Scale = 2 ms/Div;通道 A 中,Scale =

5 V/Div;通道 B 中,Scale＝5 V/Div。

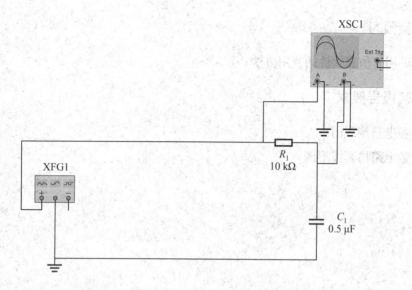

图 1.15.2

3.按图 1.15.3 所示构建微分电路,运行仿真开关,同时打开示波器,观察电路的输入、输出波形。要注意,输入方波信号的脉宽应远大于 *RC* 的时间常数,信号发生器参数设置:方波输出,频率 Frequency＝10 Hz,占空比 Duty cycle＝50%,幅值 Amplitude＝5 Vp,偏移 Offset＝5 V。示波器参数设置:扫描时间区块 Timebase 中,Scale＝50 ms/Div;通道 A 中,Scale＝5 V/Div;通道 B 中,Scale＝5 V/Div。

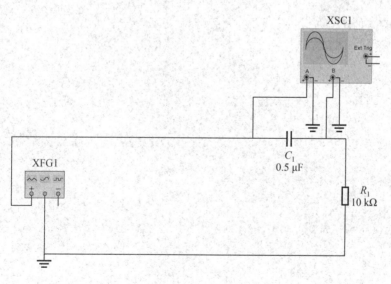

图 1.15.3

四、实验注意事项

1.示波器和信号发生器需要根据测量量设置对应的参数值。

2. 各元件参数值要根据实验内容进行设置。

五、实验预习

熟悉 Multisim 仿真软件的使用方法。

六、实验报告要求

1. 绘制各电路接线图。

2. 绘制各电路仿真波形图。

第2章 创新、设计、开放、综合性实验

实验 1 典型电信号的观察与测量

一、实验目的

1. 熟悉低频信号发生器、脉冲信号发生器各旋钮、开关的作用及其使用方法。

2. 初步掌握用示波器观察电信号波形,定量测出正弦信号和脉冲信号的波形参数。

3. 初步掌握示波器、信号发生器的使用。

二、原理说明

1. 正弦信号和方波脉冲信号是常用的电激励信号,可分别由低频信号发生器和脉冲信号发生器提供。正弦信号的波形参数有幅值 U_m、周期 T(或频率 f)和初相;方波脉冲信号的波形参数有幅值 U_m、周期 T 及脉宽 t_k。

2. 示波器是一种信号图形观测仪器,可测出电信号的波形参数。从荧光屏的 Y 轴刻度尺并结合其量程分挡(Y 轴输入电压灵敏度 V/div 分挡)选择开关读得电信号的幅值;从荧光屏的 X 轴刻度尺并结合其量程分挡(时间扫描速度 T/div 分挡)选择开关读得电信号的周期、脉宽、相位差等参数。为了完成对各种不同波形、不同要求的观察和测量,它还有一些其他的调节和控制旋钮,希望在实验中加以摸索和掌握。

一台双踪示波器可以同时观察和测量两个信号的波形和参数。

三、实验设备(表 2.1.1)

表 2.1.1

序号	名　称	型号与规格	数量	备注
1	双踪示波器		1	
2	低频、脉冲信号发生器		1	
3	交流毫伏表	0 ~ 600 V	1	
4	频率计		1	

四、实验内容

1. 双踪示波器的自检。

将双踪示波器面板部分的"标准信号"插口,通过示波器专用同轴电缆接至双踪示波器的 Y 轴输入插口 Y_A 或 Y_B 端,然后开启示波器电源,指示灯亮。稍后,协调地调节双踪示波器面板上的"辉度""聚焦""辅助聚焦""X 轴位移""Y 轴位移"等旋钮,使在荧光屏的中心部分显示出线条细而清晰、亮度适中的方波波形;然后通过选择幅度和扫描速度,将它们的微调旋钮旋至"校准"位置,从荧光屏上读出该"标准信号"的幅值与频率,并与标称值(1 V,1 kHz)做比较。

2. 正弦波信号的观测。

(1)将双踪示波器的幅度和扫描速度微调旋钮旋至"校准"位置。

(2)通过电缆线,将信号发生器的正弦波输出口与双踪示波器的 Y_A 插座相连。

(3)接通信号发生器的电源,选择正弦波输出。通过相应调节,使输出频率分别为50 Hz、1.5 kHz 和 20 kHz(由频率计读出);再使输出幅值分别为有效值0.1 V、1 V、3 V(由交流毫伏表读得)。调节双踪示波器 Y 轴和 X 轴灵敏度至合适的位置,根据表中内容要求,将数据填入表 2.1.2、表 2.1.3 中。

表 2.1.2

测定项目	正弦波信号频率		
	50 Hz	1 500 Hz	20 000 Hz
示波器"T/div"旋钮位置			
一个周期占有的格数			
信号周期/s			
计算所得的频率/Hz			

表 2.1.3

测定项目	正弦波信号幅值		
	0.1 V	1 V	3 V
示波器"V/div"位置			
峰峰值波形格数			
峰峰值(V_{P-P})			
计算所得的有效值			

3. 方波脉冲信号的观察和测定。

(1)将电缆插头换接在脉冲信号发生器的输出插口上,选择信号源为方波输出。

(2)调节方波的输出幅度为 $3.0\ V_{P-P}$(用示波器测定),分别观测 100 Hz、3 kHz 和 30 kHz 方波信号的波形参数。

(3)使信号频率保持在 3 kHz,选择不同的幅度及脉宽,观测波形参数的变化。

五、实验注意事项

1. 示波器的辉度不要过亮。

2. 调节仪器旋钮时,动作不要过快、过猛。

3. 调节示波器时,要注意触发开关和电平调节旋钮的配合使用,以使显示的波形稳定。

4. 做定量测定时,"T/div"和"V/div"的微调旋钮应旋至"标准"位置。

5. 为防止外界干扰,脉冲信号发生器的接地端与示波器的接地端要相连(共地)。

6. 不同品牌的示波器,各旋钮、功能的标注不尽相同,实验前请详细阅读所用示波器的说明书。

7. 实验前应认真阅读脉冲信号发生器的使用说明书。

六、预习思考题

1. 示波器面板上"T/div"和"V/div"的含义是什么?

2. 观察本机"标准信号"时,要在荧光屏上得到两个周期的稳定波形,而幅度要求为五格,试问 Y 轴电压灵敏度应置于哪一挡位置?"T/div"又应置于哪一挡位置?

3. 应用双踪示波器观察到如图 2.1.1 所示的两个波形,Y_A 和 Y_B 轴的"V/div"的指示均为 0.5 V,"T/div"指示为 20 μs,试写出这两个波形信号的波形参数。

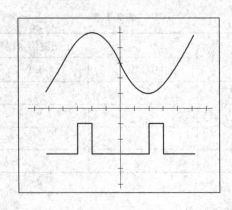

图 2.1.1

七、实验报告

1. 整理实验中显示的各种波形,绘制有代表性的波形。

2. 总结实验中所用仪器的使用方法及观测电信号的方法。

3. 如用示波器观察正弦信号,荧光屏上出现图 2.1.2 所示的几种情况时,试说明测试系统中哪些旋钮的位置不对?应如何调节?

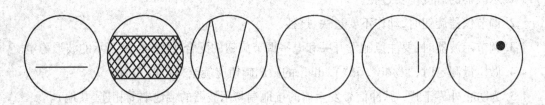

图 2.1.2

4. 心得体会及其他。

实验 2 R、L、C 元件阻抗特性的测定

一、实验目的

1. 验证电阻、感抗、容抗与频率的关系,测定 $R-f$、X_L-f 及 X_C-f 特性曲线。
2. 加深理解 R、L、C 元件端电压与电流间的相位关系。

二、原理说明

1. 在正弦交变信号作用下,R、L、C 元件在电路中的抗流作用与信号的频率有关,它们的阻抗频率特性 $R-f$、X_L-f、X_C-f 曲线如图 2.2.1 所示。

2. 元件阻抗频率特性的测量电路如图 2.2.2 所示。

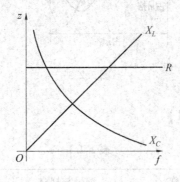

图 2.2.1

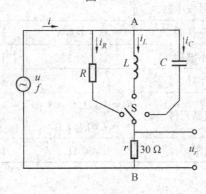

图 2.2.2

图中的 r 是提供测量回路电流用的标准小电阻,由于 r 的阻值远小于被测元件的阻抗值,因此可以认为 AB 之间的电压就是被测元件 R、L 或 C 两端的电压,流过被测元件的电流则可由 r 两端的电压除以 r 得到。

若用双踪示波器同时观察 r 与被测元件两端的电压,亦可展现出被测元件两端的电压和流过该元件电流的波形,从而可在荧光屏上测出电压与电流的幅值及它们之间的相位差。

3. 将 R、L、C 元件串联或并联相接,亦可用同样的方法测得 $Z_\text{串}$ 与 $Z_\text{并}$ 的阻抗频率特性 $Z-f$,根据电压、电流的相位差可判断 $Z_\text{串}$ 或 $Z_\text{并}$ 是感性还是容性负载。

4. 元件的阻抗角(即相位差 φ)随输入信号的频率变化而改变,将各个不同频率下的相位差画在以频率 f 为横坐标、阻抗角 φ 为纵坐标的坐标纸上,并用光滑的曲线连接这些点,即得到阻抗角的频率特性曲线。如图 2.2.3 所示,从荧光屏上数得一个周期占 n 格,相位差占 m 格,则实际的相位差为 $\varphi = m \times \dfrac{360°}{n}$。

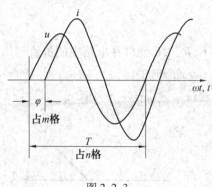

图 2.2.3

三、实验设备（表 2.2.1）

表 2.2.1

序号	名　称	型号与规格	数量	备　注
1	低频信号发生器		1	
2	交流毫伏表	$0 \sim 600\ \mathrm{V}$	1	
3	双踪示波器		1	
4	频率计		1	
5	实验线路元件	$R = 1\ \mathrm{k}\Omega, C = 1\ \mu\mathrm{F}$ L 约为 1 H	1	HE－16
6	电阻	$30\ \Omega$	1	HE－19

四、实验内容

1. 测量 R、L、C 元件的阻抗频率特性。通过电缆线将低频信号发生器输出的正弦信号接至如图 2.2.2 所示的电路,作为激励源 u,采用交流毫伏表测量,使激励电压的有效值为 $U =$

3 V,并保持不变。

使信号源的输出频率从 200 Hz 逐渐增至 5 kHz(用频率计测量),并使开关 S 分别接通 R、L、C 三个元件,用交流毫伏表测量 u_r,计算各频率点时的 R、X_L 与 X_C 之值,并做记录。

注意:在接通 C 测试时,信号源的频率应控制在 200 ~ 2 500 Hz 之间。

2. 用双踪示波器观察在不同频率下各元件阻抗角的变化情况,并做记录。

3. 描绘 R、L、C 三个元件串联时阻抗角的频率特性曲线。

五、实验注意事项

1. 交流毫伏表属于高阻抗电表,测量前必须调零。

2. 测量阻抗角 φ 时,示波器的"V/div"和"T/div"的微调旋钮应旋至"校准"位置。

六、预习思考题

1. 测量 R、L、C 三个元件的阻抗角时,为什么要将它们串联一个小电阻?可否用一个小电感或大电容代替?为什么?

七、实验报告

1. 根据实验数据,在方格纸上绘制 R、L、C 三个元件的阻抗频率特性曲线,从中可得出什么结论?

2. 根据实验数据,在方格纸上绘制 R、L、C 三个元件串联的阻抗角频率特性曲线,并总结、归纳得出结论。

3. 心得体会及其他。

实验 3 减小仪表测量误差的方法

一、实验目的

1. 进一步了解电压表、电流表的内阻在测量过程中产生的误差及其分析方法。

2. 掌握减小因仪表内阻而产生的测量误差的方法。

二、原理说明

减小因仪表内阻而产生的测量误差的方法有以下两种：

1. 不同量程两次测量计算法。

当电压表的灵敏度不够高或电流表的内阻太大时，可利用多量程仪表对同一被测量采用不同量程进行两次测量，将所得读数经计算后可得到较准确的结果。如图 2.3.1 所示电路，欲测量具有较大内阻 R_0 的电动势 U_S 的开路电压 U_O 时，如果所用电压表的内阻 R_V 与 R_0 相差不大，将会产生很大的测量误差。

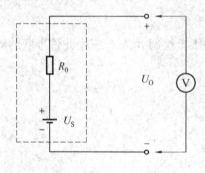

图 2.3.1

设电压表有两挡量程，U_1、U_2 分别为在这两个不同量程下测得的电压值，令 R_{V1} 和 R_{V2} 分别为这两个相应量程的内阻，则由图 2.3.1 可得

$$U_1 = \frac{R_{V1}}{R_0 + R_{V1}} \times U_S, \qquad U_2 = \frac{R_{V2}}{R_0 + R_{V2}} \times U_S$$

由以上两式可解得 U_S 和 R_0。其中 U_S 为

$$U_S = \frac{U_1 U_2 (R_{V2} - R_{V1})}{U_1 R_{V2} - U_2 R_{V1}}$$

由上式可知，当电源内阻 R_0 与电压表的内阻 R_V 相差不大时，通过上述两次测量结果，即可计算出开路电压 U_O 的大小，且其准确度要比单次测量好得多。

对于电流表,当其内阻较大时,也可用类似的方法测得较准确的结果。如图 2.3.2 所示,
$I = \dfrac{U_S}{R}$ 接入内阻为 R_A 的电流表时,电路中的电流变为 $I' = \dfrac{U_S}{R + R_A}$,如果 $R_A = R$,则 $I' = I/2$,出现
很大的误差。

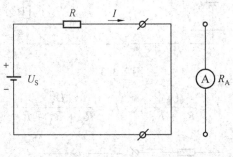

图 2.3.2

如果采用具有不同内阻 R_{A1}、R_{A2} 的两挡量程的电流表做两次测量,并经简单的计算就可
得到较准确的电流值。

按图 2.3.2 电路,两次测得的电流分别为

$$I_1 = \frac{U_S}{R + R_{A1}}, \quad I_2 = \frac{U_S}{R + R_{A2}}$$

由以上两式可解得 U_S 和 R,进而可得

$$I = \frac{U_S}{R} = \frac{I_1 I_2 (R_{A1} - R_{A2})}{I_1 R_{A1} - I_2 R_{A2}}$$

2. 同一量程两次测量计算法。

如果电压表(或电流表)只有一挡量程,且电压表的内阻较小(或电流表的内阻较大)时,
可用同一量程两次测量法减小测量误差。其中,第一次测量与一般的测量并无两样。第二次
测量时必须在电路中串入一个已知阻值的附加电阻。

(1)电压测量。测量如图 2.3.3 所示电路的开路电压 U_0。

设电压表的内阻为 R_V。第一次测量,电压表的读数为 U_1,第二次测量时应与电压表串接
一个已知阻值的电阻器 R,电压表读数为 U_2。由图可得

$$U_1 = \frac{R_V U_S}{R_0 + R_V}, \quad U_2 = \frac{R_V U_S}{R_0 + R + R_V}$$

由以上两式可解得 U_S 和 R_0,其中 U_S 为

$$U_S = U_0 = \frac{R U_1 U_2}{R_V (U_1 - U_2)}$$

(2)电流测量。测量如图 2.3.4 所示电路的电流 I。

设电流表的内阻为 R_A。第一次测量电流表的读数为 I_1,第二次测量时应与电流表串接一
个已知阻值的电阻器 R,电流表读数为 I_2。由图可得

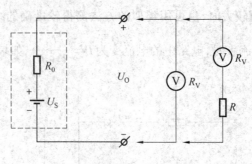

图 2.3.3

$$I_1 = \frac{U_S}{R_0 + R_A}, \quad I_2 = \frac{U_S}{R_0 + R_A + R}$$

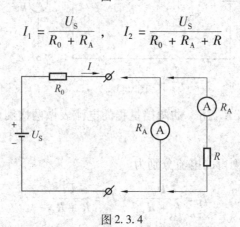

图 2.3.4

由以上两式可解得 U_S 和 R_0,从而可得

$$I = \frac{U_S}{R_0} = \frac{I_1 I_2 R}{I_2 (R_A + R) - I_1 R_A}$$

由以上分析可知,当所用仪表的内阻与被测线路的电阻相差不大时,采用多量程仪表不同量程两次测量法或单量程仪表两次测量法,再通过计算就可得到比单次测量准确得多的结果。

三、实验设备(表 2.3.1)

表 2.3.1

序号	名 称	型号与规格	数 量	备 注
1	可调直流稳压电源	0 ~ 30 V	1	
2	指针式万用表	MF - 47 或其他	1	自备
3	直流数字毫安表	0 ~ 200 mA	1	
4	可调电阻箱	0 ~ 9 999.9 Ω	1	
5	电阻器	按需选择		
6	电压表	双量程、单量程		
7	电流表	双量程、单量程		

四、实验内容

1. 双量程电压表两次测量法。

按图 2.3.3 所示电路进行实验,实验中利用实验台上一路直流稳压电源,取 $U_S = 2.5$ V, R_0 选用 50 kΩ(取自可调电阻箱)。用指针式万用表的直流电压 2.5 V 和 10 V 两挡量程进行两次测量,最后算出开路电压 U'_0 之值,并将数据填入表 2.3.2 中。

表 2.3.2

指针式万用表电压量程/V	内阻值/kΩ	两个量程的测量值 U/V	电路计算值 U_0/V	两次测量计算值 U'_0/V	U 的相对误差值/%	U'_0 的相对误差/%
2.5						
10						

$R_{2.5\,V}$ 和 $R_{10\,V}$ 参照第 2 章实验 4 的结果。

2. 单量程电压表两次测量法。

实验电路同实验内容 1。先用上述指针式万用表直流电压 2.5 V 量程挡直接测量,得 U_1;然后串接 $R = 10$ kΩ 的附加电阻器再一次测量,得 U_2。计算开路电压 U'_0 之值,并将数据填入表 2.3.3 中。

表 2.3.3

实际计算值 U_0/V	两次测量值 U_1/V	两次测量值 U_2/V	测量计算值 U'_0/V	U_1 的相对误差/%	U'_0 的相对误差/%

3. 双量程电流表两次测量法。

按图 2.3.2 所示电路进行实验, $U_S = 0.3$ V, $R = 300$ Ω(取自电阻箱),用指针式万用表 0.5 mA 和 5 mA 两挡电流量程分别进行两次测量,计算出电路的电流值 I',并将数据填入表 2.3.4 中。

表 2. 3. 4

指针式万用表电流量程	内阻值 /Ω	两个量程的测量值 I_1 /mA	电路计算值 I /mA	两次测量计算值 I' /mA	I_1 的相对误差 /%	I' 的相对误差 /%
0. 5 mA						
5 mA						

$R_{0.5\,\text{mA}}$ 和 $R_{5\,\text{mA}}$ 参照第 2 章实验 4 的结果。

4. 单量程电流表两次测量法。

实验电路同实验内容 3。先用指针式万用表 0. 5 mA 电流量程直接测量,得 I_1;再串联附加电阻 $R = 30\ \Omega$ 进行第二次测量,得 I_2。求出电路中的实际电流 I' 之值,并将数据填入表 2. 3. 5 中。

表 2. 3. 5

实际计算值 I /mA	两次测量值		测量计算值 I' /mA	I_1 的相对误差 /%	I' 的相对误差 /%
	I_1 /mA	I_2 /mA			

五、实验注意事项

1. 在开启电源开关前,应将两路电压源的输出旋钮调至最小(逆时针旋到底),并将恒流源的输出粗调旋钮拨到 2 mA 挡,输出细调旋钮应调至最小。接通电源后,再根据需要缓慢调节。

2. 当恒流源输出端接有负载时,如果需要将其粗调旋钮由低挡位向高挡位切换,必须先将其细调旋钮调至最小。否则输出电流会突增,可能会损坏外接器件。

3. 电压表应与被测电路并接,电流表应与被测电路串接,并且都要注意正、负极性与量程的合理选择。

4. 采用不同量程两次测量法时,应选用相邻的两个量程,且被测值应接近于低量程的满偏值。否则,当用高量程测量较低的被测值时,测量误差会较大。

5. 实验中所用的指针式万用表属于较精确的仪表。在大多数情况下,直接测量误差不会太大。只有当被测电压源的内阻大于 1/5 电压表内阻或者被测电流源内阻小于 5 倍电流表内阻时,采用本实验的测量、计算法才能得到较满意的结果。

六、思考题

1. 完成各项实验内容的计算。
2. 实验的收获与体会。

实验4 基本电工仪表的使用及测量误差的计算

一、实验目的

1. 熟悉实验台上各类电源及各类测量仪表的布局和使用方法。

2. 掌握指针式电压表、电流表内阻的测量方法。

3. 熟悉电工仪表测量误差的计算方法。

二、原理说明

1. 为了准确地测量电路中实际的电压和电流,必须保证仪表接入电路后不会改变被测电路的工作状态,这就要求电压表的内阻为无穷大,电流表的内阻为零。而实际使用的指针式电工仪表都不能满足上述要求。因此,当测量仪表一旦接入电路,就会改变电路原有的工作状态,导致仪表的读数值与电路原有的实际值之间存在误差。误差的大小与仪表本身内阻的大小密切相关。只要测出仪表的内阻,即可计算出由其产生的测量误差。以下介绍几种测量指针式仪表内阻的方法。

2. 用分流法测量电流表的内阻。

如图 2.4.1 所示,Ⓐ为内阻为 R_A 的直流电流表。测量时先断开开关 S,调节可调直流恒流源的输出电流 I 使Ⓐ表指针满偏;然后,合上开关 S,并保持 I 值不变,调节电阻箱 R_B 的阻值,使Ⓐ表的指针指在 1/2 偏转位置,此时有 $I_A = I_S = I/2$。

所以
$$R_A = \frac{R_B R_1}{R_B + R_1}$$

式中,R_1 为固定电阻器之值;R_B 可由电阻箱的刻度盘读出。

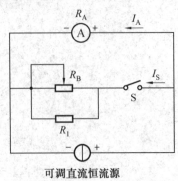

可调直流恒流源

图 2.4.1

3. 用分压法测量电压表的内阻。

如图 2.4.2 所示ⓥ表为内阻为 R_V 的电压表。测量时先将开关 S 闭合,调节可调直流稳压电源的输出电压,使ⓥ表的指针满偏;然后,断开开关 S,调节 R_B 使ⓥ表的指示值减半,此时有 $R_V = R_B + R_1$。

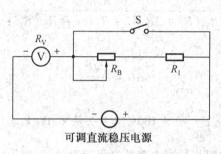

图 2.4.2

电压表的灵敏度为

$$S = R_V / U \ (\Omega / V)$$

式中,U 为ⓥ表满偏时的电压值。

4. 仪表内阻引起的测量误差(通常称之为方法误差,而仪表本身结构引起的误差称为仪表基本误差)的计算。

(1) 以图 2.4.3 所示电路为例,R_1 上的电压为 $U_{R_1} = \dfrac{R_1}{R_1 + R_2} U$,若 $R_1 = R_2$,则 $U_{R_1} = \dfrac{1}{2} U$。现

用一内阻为 R_V 的电压表来测量 U_{R_1} 值,当 R_V 与 R_1 并联后 $R_{AB} = \dfrac{R_V R_1}{R_V + R_1}$,以 R_{AB} 来替代 R_1,则得

$$U'_{R_1} = \frac{\dfrac{R_V R_1}{R_V + R_1}}{\dfrac{R_V R_1}{R_V + R_1} + R_2} U$$

绝对误差为

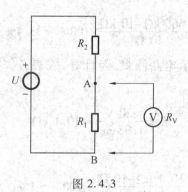

图 2.4.3

$$\Delta U = U'_{R_1} - U_{R_1} = U\left(\frac{\dfrac{R_V R_1}{R_V + R_1}}{\dfrac{R_V R_1}{R_V + R_1} + R_2} - \frac{R_1}{R_1 + R_2}\right)$$

化简后得
$$\Delta U = \frac{-R_1^2 R_2 U}{R_V(R_1^2 + 2R_1 R_2 + R_2^2) + R_1 R_2(R_1 + R_2)}$$

若 $R_1 = R_2 = R_V$，则得

$$\Delta U = -\frac{U}{6}$$

相对误差为　$\Delta U\% = \dfrac{U'_{R_1} - U_{R_1}}{U_{R_1}} \times 100\% = -\dfrac{U/6}{U/2} \times 100\% = -33.3\%$

由此可见,当电压表的内阻与被测电路的电阻相近时,测量的误差是非常大的。

(2)伏安法测量电阻的原理为:测出流过被测电阻 R_x 的电流 I_R 及其两端的电压降 U_R,则其阻值 $R_x = U_R / I_R$。实际测量时,有两种测量线路,即:相对于电源而言,①Ⓐ表(内阻为 R_A)接在Ⓥ表(内阻为 R_V)的内侧;②Ⓐ表接在Ⓥ表的外侧。两种线路分别如图 2.4.4(a)、图 2.4.4(b)所示。

由图 2.4.4(a)可知,只有当 $R_x \ll R_V$ 时,R_V 的分流作用才可忽略不计,Ⓐ表的读数接近于实际流过 R_x 的电流值。图 2.4.4(a)的接法称为电流表的内接法。

由图 2.4.4(b)可知,只有当 $R_x \gg R_A$ 时,R_A 的分压作用才可忽略不计,Ⓥ表的读数接近于 R_x 两端的电压值。图 2.4.4(b)的接法称为电流表的外接法。

实际应用时,应根据不同情况选用合适的测量线路,才能获得较准确的测量结果。以下举一实例。

在图 2.4.4 中,设 $U = 20$ V,$R_A = 100$ Ω,$R_V = 20$ kΩ。假定 R_x 的实际值为 10 kΩ。

如果采用图 2.4.4(a)所示电路测量,经计算,Ⓐ表、Ⓥ表的读数分别为 2.96 mA 和 19.73 V,故

$$R_x = 19.73 \text{ m} \div 2.96 \text{ m} \approx 6.666 \text{ kΩ}$$

相对误差为

$$\frac{6.666 \text{ kΩ} - 10 \text{ kΩ}}{10 \text{ Ω}} \times 100\% \approx 33.4\%$$

如果采用图 2.4.4(b)所示电路测量,经计算,Ⓐ表、Ⓥ表的读数分别为 1.98 mA 和 20 V,故

$$R_x = \frac{20 \text{ V}}{1.98 \text{ mA}} \approx 10.1 \text{ kΩ}$$

相对误差为

$$\frac{10.1 \text{ kΩ} - 10 \text{ kΩ}}{10 \text{ Ω}} \times 100\% \approx 1\%$$

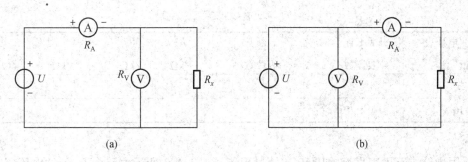

图 2.4.4

三、实验设备(表 2.4.1)

表 2.4.1

序号	名称	型号与规格	数量	备注
1	可调直流稳压电源	0 ~ 30 V	两路	
2	可调直流恒流源	0 ~ 500 mA	1	D
3	指针式万用表	MF-47 或其他	1	自备
4	可调电阻箱	0 ~ 9 999.9 Ω	1	
5	电阻器	按需选择		

四、实验内容

1. 根据分流法原理测定指针式万用表直流电流 0.5 mA 和 5 mA 挡量程的内阻。电路如图 2.4.1 所示,并将数据填入表 2.4.2 中。

表 2.4.2

被测电流表量程	开关 S 断开时的表读数/mA	S 闭合时的表读数/mA	R_B/Ω	R_I/Ω	计算内阻 R_A /Ω
0.5 mA					
5 mA					

2. 根据分压法原理按图 2.4.2 接线,测定指针式万用表直流电压 2.5 V 和 10 V 挡量程的内阻,并将数据填入表 2.4.3 中。

表 2.4.3

被测电压表 量　程	开关 S 闭合时 表读数/V	S 断开时 表读数/V	R_B /kΩ	R_1 /kΩ	计算内阻 R_V /kΩ	灵敏度 S /($\Omega \cdot$ V^{-1})
2.5 V						
10 V						

3. 用指针式万用表直流电压 10 V 挡量程测量图 2.4.3 所示电路中 R_1 上的电压 U'_{R_1} 之值，并计算测量的绝对误差与相对误差，并将数据填入表 2.4.4 中。

表 2.4.4

U	R_2	R_1	$R_{10\,V}$ /kΩ	计算值 U_{R_1} /V	实测值 U'_{R_1} /V	绝对误差 ΔU	相对误差 ($\Delta U/U$)×100%
12 V	10 kΩ	50 kΩ					

五、实验注意事项

1. 在开启电源开关前，应将两路电源的输出调节旋钮调至最小（逆时针旋到底），并将可调直流恒流源的输出粗调旋钮拨到 2 mA 挡，输出细调旋钮调至最小。接通电源后，再根据需要缓慢调节。

2. 当可调恒流源输出端接有负载时，如果需要将其粗调旋钮由低挡位向高挡位切换，必须先将其细调旋钮调至最小；否则输出电流会突增，可能会损坏外接器件。

3. 电压表应与被测电路并接，电流表应与被测电路串接，并且都要注意正、负极性与量程的合理选择。

4. 实验内容 1、2 中，R_1 的取值应与 R_B 相近。

5. 本实验仅测试指针式仪表的内阻。由于所选指针式仪表的型号不同，本实验中所列的电流、电压量程及选用的 R_B、R_1 等均会不同。实验时应按选定的表型自行确定。

六、预习思考题

1. 根据实验内容 1 和 2，若已求出 0.5 mA 挡和 2.5 V 挡的内阻，可否直接计算得出 5 mA 挡和 10 V 挡的内阻？

2. 用量程为 10 A 的电流表测实际值为 8 A 的电流时，实际读数为 8.1 A，求测量的绝对误差和相对误差。

七、实验报告

1. 列表记录实验数据，并计算各被测仪表的内阻值。

2. 分析实验结果,总结应用场合。

3. 对预习思考题进行计算。

4. 实验的心得体会及意见等。

实验5 仪表量程扩展实验

一、实验目的

1. 了解指针式毫安表的量程和内阻在测量中的作用。

2. 掌握将毫安表改装成电流表和电压表的方法。

3. 学会电流表和电压表量程切换开关的应用方法。

二、原理说明

1. 基本表的概念。

一只毫安表允许通过的最大电流称为该表的量程,用 I_g 表示,该表有一定的内阻,用 R_g 表示,这就是一个基本表,其等效电路如图 2.5.1 所示。I_g 和 R_g 是毫安表的两个重要参数。

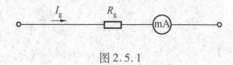

图 2.5.1

2. 扩大毫安表的量程。

满量程为 1 mA 的毫安表,最大只允许通过 1 mA 的电流,过大的电流会造成"打针",甚至烧断电流线圈。要用它测量超过 1 mA 的电流,必须扩大毫安表的量程,即选择一个合适的分流电阻 R_A 与基本表并联,如图 2.5.2 所示。

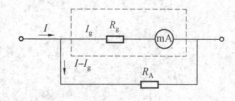

图 2.5.2

设基本表满量程为 $I_g = 1$ mA,基本表内阻 $R_g = 100\ \Omega$。现要将其量程扩大 10 倍(即可用来测量 10 mA 电流),则应并联的分流电阻 R_A 应满足下式:

$$I_g R_g = (I - I_g) R_A$$

即
$$1\ \text{mA} \times 100\ \Omega = (10 - 1)\text{mA} \times R_A$$

$$R_A = \frac{100}{9}\ \Omega \approx 11.1\ \Omega$$

同理,要使其量程扩展为 100 mA,则应并联 $1.01 \times 10^3\ \Omega$ 的分流电阻。

当用改装后的电流表来测量 10 mA(或 100 mA)以下的电流时,只要将基本表的读数乘以 10(或 100)或者直接将电表面板的满刻度刻成 10 mA 或 100 mA 即可。

3. 将基本表改装为电压表。

一只毫安表也可以改装为一只电压表,只要选择一个合适的分压电阻 R_V 与基本表相串联即可,如图 2.5.3 所示。

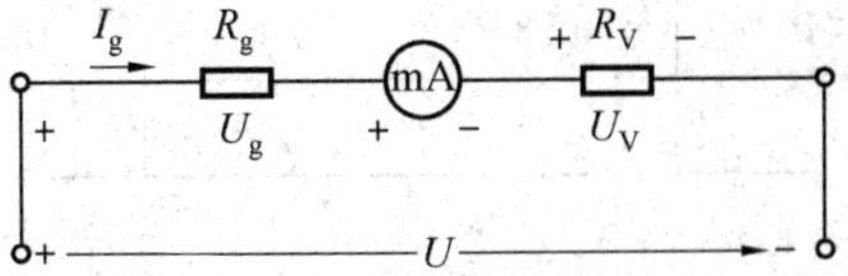

图 2.5.3

设被测电压值为 U,则

$$U = U_g + U_V = I_g(R_g + R_V)$$

所以

$$R_V = \frac{U - I_g R_g}{I_g} = \frac{U}{I_g} - R_g$$

要将量程为 1 mA、内阻为 100 Ω 的毫安表改装为量程为 1 V 的电压表,则应串联的分压电阻的阻值为

$$R_V = \frac{1\ \text{V}}{1\ \text{mA}} - 100\ \Omega = 1\ 000\ \Omega - 100\ \Omega = 900\ \Omega$$

若要将量程扩大到 10 V,应串联多大的分压电阻呢?

三、实验设备(表 2.5.1)

表 2.5.1

序号	名称	型号与规格	数量	备 注
1	直流电压表	0～300 V	1	
2	直流毫安表	0～500 mA	1	
3	可调直流稳压电源	0～30 V	1	
4	可调直流恒流源	0～500 mA	1	
5	基本表	1 mA,100 Ω	1	
6	电阻	1.01 Ω,11.1 Ω,900 Ω,9.9 kΩ	各 1	

四、实验内容

1. 1 mA 表表头的检验。

(1)调节可调直流恒流源的输出,最大不超过 1 mA。

（2）先对直流毫安表进行机械调零，再将可调直流恒流源的输出接至毫安表的信号输入端。

（3）调节可调直流恒流源的输出，令其从 1 mA 调至 0 mA，分别读取读数，并将数据填入表 2.5.2 中。

表 2.5.2

可调直流恒流源输出/mA	1	0.8	0.6	0.4	0.2	0
表头读数/mA						

2. 将基本表改装为量程为 10 mA 的毫安表。

（1）将 11.1 Ω 的分流电阻并接在基本表的两端，这样就将基本表改装成了满量程为 10 mA 的毫安表。

（2）调节可调直流恒流源的输出，使其从 10 mA 依次减小 2 mA，直至 0 mA，用改装好的毫安表依次测量可调直流恒流源的输出电流，并将数据填入表 2.5.3 中。

表 2.5.3

可调直流恒流源输出/mA	10	8	6	4	2	0
毫安表读数/mA						

（3）将分流电阻改换为 $1.01×10^3$ Ω，再重复实验内容 2 中步骤（2）操作。（注意要改变可调恒流源的输出值）

3. 将基本表改装为一只电压表。

（1）将 9.9 kΩ 的分压电阻与基本表相串联，这样基本表就被改装成为满量程为 10 V 的电压表。

（2）调节可调直流稳压电源的输出，使其从 0 V 依次增加 2 V，直至满量程，用改装成的电压表进行测量，并将数据填入表 2.5.4 中。

表 2.5.4

可调直流稳压电源输出/V	10	8	6	4	2	0
改装表读数/V						

（3）将分压电阻换成 900 Ω，重复上述测量步骤。（注意调整可调直流稳压电源的输出）

五、实验注意事项

1. 接入仪表时要注意到仪表的量程，不可过大，以免损坏仪表。

2. 可外接标准表（如直流毫安表和直流电压表作为标准表）进行校验。

3. 注意接入仪表的信号的正、负极性，以免指针反偏而损坏仪表。

4. 挂箱上的 11.1 Ω、1.01×10^3 Ω、9.9 kΩ、900 Ω 四个电阻的阻值是按照量程 $I_g = 1$ mA、内阻 $R_g = 100$ Ω 的基本表计算出来的。基本表的 R_g 会有差异，利用上述四个电阻扩展量程后，将使测量误差增大。因此，实验时，可先按第 2 章实验 4 测出 R_g，并计算出量程扩展电阻 R，再从挂箱上取出对应的 R，可提高实验的准确性、实际性。

六、预习思考题

如果要将本实验中的几种测量改为万用表的操作方式，需要用什么样的开关来进行切换才可对不同量程的电压、电流进行测量？该线路应如何设计？

七、实验报告

1. 总结原理说明中分压、分流的具体应用。
2. 总结电表的改装方法。
3. 进行测量误差的分析。
4. 设计预习思考题的实现线路。

实验6 直流电路仿真综合实验

一、实验目的

1. 熟悉 Multisim 仿真软件的使用方法,提高分析电路的能力,加深对理论知识的理解。

2. 应用 Multisim 仿真软件建立电路,测量电压、电流,并了解数据的对应关系。

3. 提高电路综合仿真分析能力。

二、实验设备

台式计算机、Multisim 仿真软件、万用表、电阻、直流电源和开关等。

三、实验内容

1. 基尔霍夫定律。

(1)按照图2.6.1所示选择元件,连接电路。

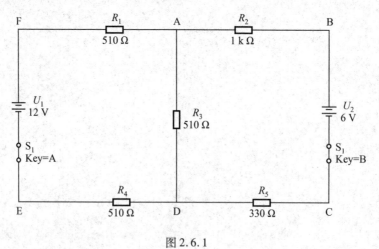

图2.6.1

(2)按图2.6.2所示接入万用表,万用表选择直流电流挡,并要注意三个万用表 XMM1 ~ XMM3 的极性,合上开关 S_1 和 S_2,开启仿真开关,对电路进行仿真,记录万用表显示的数值,并填入表2.6.1中,然后对节点 A 验证基尔霍夫电流定律。

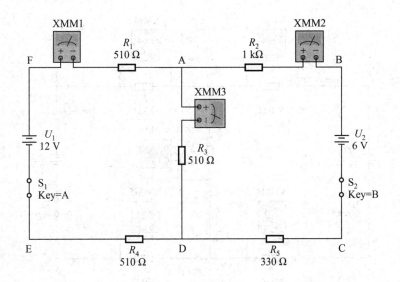

图 2.6.2

表 2.6.1

实验内容	I_{XMM1}/mA	I_{XMM2}/mA	I_{XMM3}/mA
S_1 和 S_2 闭合,$R_1 = 510\ \Omega$			
S_1 和 S_2 闭合,$R_1 = 680\ \Omega$			
S_1 和 S_2 闭合,$R_1 = 1\ k\Omega$			
S_1 和 S_2 闭合,$R_1 = 2\ k\Omega$			

（3）按图 2.6.3 所示接入万用表,万用表选择直流电压挡,并要注意五个万用表 XMM1 ~ XMM5 的极性,合上开关 S_1 和 S_2,开启仿真开关,对电路进行仿真,记录万用表显示的数值,并填入表 2.6.2 中,然后根据对应回路验证基尔霍夫电压定律。

表 2.6.2

实验内容	U_{XMM1}/V	U_{XMM2}/V	U_{XMM3}/V	U_{XMM4}/V	U_{XMM5}/V
S_1 和 S_2 闭合					
S_1 闭合,S_2 打开					
S_1 打开,S_2 闭合					

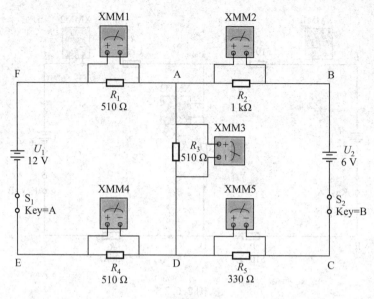

图 2.6.3

2. 叠加原理。

(1)按图 2.6.4 所示选取元件,连接电路。

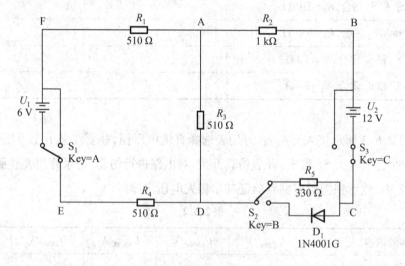

图 2.6.4

(2)开关 S_2 拨向电阻 R_5 一侧,开关 S_1、S_3 根据表 2.6.3 的测内容切换到对应位置,按图 2.6.5 所示连接万用表 XMM1 ~ XMM8,进行数据测量,并将数据填入表 2.6.3 中。

表 2.6.3

实验内容	I_{XMM1} /mA	I_{XMM2} /mA	I_{XMM3} /mA	U_{XMM4} /V	U_{XMM5} /V	U_{XMM6} /V	U_{XMM7} /V	U_{XMM8} /V
U_1 单独作用								
U_2 单独作用								
U_1、U_2 共同作用								
$2U_2$ 单独作用								

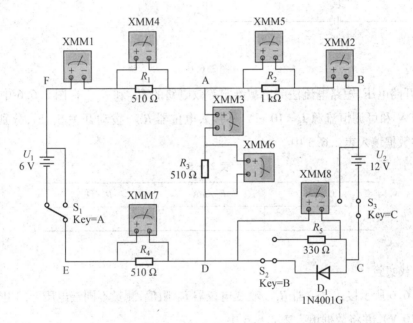

图 2.6.5

（3）开关 S_2 拨向二极管 1N4001G 一侧,开关 S_1、S_3 根据表 2.6.4 的实验内容切换到对应位置,按图 2.6.5 所示连接万用表 XMM1 ~ XMM8,进行数据测量,并将数据填入表 2.6.4 中。

表 2.6.4

实验内容	I_{XMM1} /mA	I_{XMM2} /mA	I_{XMM3} /mA	U_{XMM4} /V	U_{XMM5} /V	U_{XMM6} /V	U_{XMM7} /V	U_{XMM8} /V
U_1 单独作用								
U_2 单独作用								
U_1、U_2 共同作用								
$2U_2$ 单独作用								

3. 戴维宁定理。

（1）按图 2.6.6 所示选取元件,连接电路。

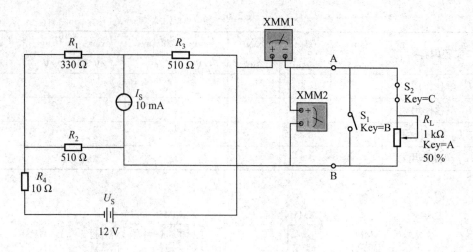

图 2.6.6

（2）用开路电压、短路电流法测定戴维宁等效电路的 U_{OC} 和 R_0。在图 2.6.6 中，接入稳压电源 $U_S = 12$ V 和可调恒流源 $I_S = 10$ mA，不接入电位器 R_L。拨动开关 S_1、S_2，分别测定 U_{OC}、I_{SC}、R_0，并将数据填入表 2.6.5 中。

表 2.6.5

U_{OC}/V	I_{SC}/mA	R_0/Ω

（3）负载实验。

按图 2.6.6 所示接入电位器 R_L。改变电位器 R_L 阻值，测量不同端电压下的电流值（电压范围为 $1 \sim 10$ V），并将数据填入表 2.6.6 中。

表 2.6.6

U/V										
I/mA										

（4）验证戴维宁定理。

按图 2.6.7 所示连接电路，对戴维宁定理进行验证，并将实验数据填入表 2.6.7 中。

表 2.6.7

U/V	1	2	3	4	5	6	7	8	9	10
I/mA										

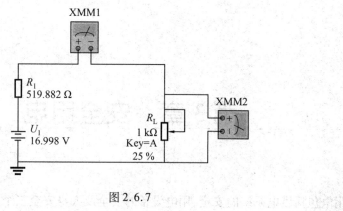

图 2.6.7

四、实验注意事项

1. 万用表需要根据测量量设置对应的电压挡或电流挡，同时注意极性。

2. 各元件参数值要根据实验内容进行设置。

五、实验预习

熟悉 Multisim 仿真软件的使用方法。

六、实验报告要求

1. 根据实验数据对节点 A 验证基尔霍夫电流定律。

2. 根据实验数据验证各回路基尔霍夫电压定律。

3. 根据实验数据验证叠加原理和线性电路齐次性。

4. 根据实验数据验证戴维宁定理。

第3章　安全用电

安全用电包括供电系统的安全、用电设备的安全及人身安全三个方面,它们之间又相互紧密联系。供电系统的故障可能导致用电设备的损坏或人身伤亡事故,而用电事故也可能导致局部或大范围停电,甚至造成严重的社会灾难。

3.1　安全用电知识

在用电过程中,必须特别注意电气安全,稍有不甚或疏忽,就可能导致严重的人身触电事故,或者引起火灾甚至爆炸,给国家和人民造成极大的损失。

一、安全电压

交流工频安全电压的上限值是指在任何情况下两导体间或任一导体与地之间都不得超过50 V。我国的安全电压的额定值为42 V、36 V、24 V、12 V、6 V。如手提照明灯、危险环境的携带式电动工具,应采用36 V安全电压,金属容器、隧道和矿井等工作场合,以及狭窄、行动不便和周围有大面积接地导体的环境,应采用24 V或12 V安全电压,以防止因触电而造成人身伤害。

二、安全距离

为了保证电气工作人员在电气设备运行操作、维护检修时不致误碰带电体,规定了工作人员离带电体的安全距离;为了保证电气设备在正常运行时不会出现击穿短路事故,规定了带电体距离附近接地物体和不同相带电体之间的最小距离。

安全距离主要有以下几方面:

1.设备带电部分到接地部分和设备不同相部分之间的距离。

2.设备带电部分到各种遮拦之间的安全距离。

3.无遮拦裸导体与地面之间的安全距离。

4.电气工作人员在设备维修时与设备带电部分之间的安全距离。

3.2 电工安全操作知识

1. 在进行电工安装与维修操作时,必须严格遵守各种安全操作规程,不得玩忽职守。

2. 在进行电工操作时,要严格遵守停、送电操作规定,切实做好突然送电的各项安全措施,不准进行约时送电。

3. 在邻近带电部分进行电工操作时,一定要保持可靠的安全距离。

4. 严禁采用一线一地、两线一地、三线一地(指大地)安装用电设备。

5. 在一个插座或灯座上不可引接功率过大的用电设备。

6. 不可以用潮湿的手去触碰开关、插座和灯座等用电装置,更不可用湿抹布去擦抹电气装置和用电器具。

7. 操作工具的绝缘手柄、绝缘鞋和绝缘手套必须性能良好,并做定期检查。登高工具必须牢固可靠,也应做定期检查。

8. 在潮湿环境中使用移动电器时,一定要采用 36 V 安全低压电源。在金属容器(如锅炉、蒸发器或管道等)内使用移动电器时,必须采用 12 V 安全电源,并有人在容器外监护。

9. 发现有人触电,应立即断开电源,并采取正确的抢救措施抢救触电者。

3.3 触电的危害性

人体是导电体,一旦有电流通过,将会受到不同程度的伤害。由于触电的种类、形式及条件不同,受伤害的后果也不一样。

一、触电的种类

人体触电有电击和电伤两类。

1. 电击是指电流通过人体时所造成的内伤。它可以使肌肉抽搐,内部组织损伤,造成发热、发麻、神经麻痹等。严重时将引起昏迷、窒息,甚至心脏停止跳动而死亡。通常说的触电就是电击。触电死亡大部分由电击造成。

2. 电伤是指电流的热效应、化学效应、机械效应以及电流本身作用造成的人体外伤。常见的有烧伤、烙伤、皮肤金属化和电光眼等现象。

(1)电烧伤是由电流的热效应造成的伤害。

(2)电烙伤是在人体与带电体接触的部位留下的永久性斑痕。斑痕处皮肤失去原有弹性、色泽,表皮坏死,失去知觉。

(3)皮肤金属化是在电弧的高温作用下,金属熔化、汽化,金属微粒渗入皮肤,使皮肤粗糙而张紧的伤害。皮肤金属化多与电弧烧伤同时发生。

（4）电光眼是发生弧光放电时，红外线、可见光、紫外线对眼睛的伤害。

二、触电形式

1. 单相触电。

单相触电是常见的触电方式。人体的某一部位接触带电体的同时，另一部位又与大地或中性线相接，电流从带电体流经人体到大地（或中性线）形成回路。

2. 两相触电。

两相触电是指人体的不同部位同时接触两相电源时造成的触电。对于这种情况，无论电网中性点是否接地，人体所承受的线电压都比单相触电时更高，危险更大。

3. 跨步电压触电。

对于外壳接地的电气设备，当绝缘损坏而使外壳带电，或导线断落发生单相接地故障时，电流由设备外壳经接地线、接地体（或由断落导线经接地点）流入大地，向四周扩散。如果此时人站立在设备附近地面上，两脚之间也会承受一定的电压，称为跨步电压。跨步电压的大小与接地电流、土壤电阻率、设备接地电阻及人体位置有关。当接地电流较大时，跨步电压会超过允许值，发生人身触电事故。特别是在发生高压接地故障或雷击时，会产生很高的跨步电压。跨步电压触电也是危险性较大的一种触电方式。

除以上三种触电形式外，还有感应电压触电、剩余电荷触电等，此处不做介绍。

三、影响电流对人体危害程度的主要因素

电流对人体伤害的严重程度与通过人体电流的大小、频率、持续时间、通过人体的路径及人体电阻的大小等多种因素有关。不同电流对人体的影响见表3.3.1。

表3.3.1　不同电流对人体的影响

电流/mA	通电时间	工频电流 人体反应	直流电流 人体反应
0～0.5	连续通电	无感觉	无感觉
0.5～5	连续通电	有麻刺感	无感觉
5～10	数分钟以内	痉挛、剧痛，但可摆脱电源	有针刺感、压迫感及灼热感
10～30	数分钟以内	迅速麻痹、呼吸困难、血压升高，不能摆脱电源	压痛、刺痛、均热感强烈，并伴有抽筋

续表 3.3.1

电流/mA	通电时间	工频电流 人体反应	直流电流 人体反应
30~50	数秒钟到数分钟	心跳不规则、昏迷、强烈痉挛、心脏开始颤动	感觉强烈,振痛,并伴有抽筋
50~数百	低于心脏搏动周期	感受强烈冲击,但未发生心室颤动	剧痛、强烈痉挛、呼吸困难或麻痹
	高于心脏搏动周期	昏迷、心室颤动、麻痹、接触部位留有电流通过痕迹	

1.电流大小。

通过人体的电流越大,人体的生理反应就越明显,感觉越强烈,引起心室颤动所需的时间就越短,致命的危险就越大。

对于工频交流电,按照通过人体电流的大小和人体所呈现的不同状态,大致分为三种。

(1)感觉电流:是指引起人体感觉的最小电流。实验表明,成年男性的平均感觉电流约为11 mA,成年女性为0.7 mA。感觉电流不会对人体造成伤害,但电流增大时,人体反应会变得强烈,可能造成坠落等间接事故。

(2)摆脱电流:是指人体触电后能自主摆脱电源的最大电流。实验表明,成年男性的平均摆脱电流约为16 mA,成年女性约为10 mA。

(3)致命电流:是指在较短的时间内危及生命的最小电流。实验表明,当通过人体的电流达到50 mA以上心脏会停止跳动,可能导致死亡。

2.电流频率。

一般认为40~60 Hz的交流电对人体来说最危险。随着频率的增大,危险性将降低。高频电流不仅不伤害人体,还能治病。

3.通电时间。

随着通电时间加长,电流使人体发热和人体组织的电解液成分增加,导致人体电阻降低,通过人体的电流增大,触电的危险亦随之增加。

4.电流路径。

电流通过头部可使人昏迷;通过脊髓可能导致瘫痪;通过心脏会造成心跳停止,血液循环中断;通过呼吸系统会造成窒息。因此,从左手到胸部是最危险的电流路径,从手到手、从手到脚也是很危险的电流路径,从脚到脚是危险性较小的电流路径。

参 考 文 献

［1］李翠英.电工与电子技术实验指导书［M］.北京:中国水利水电出版社,2008.

［2］刘建军.电工实验［M］.武汉:武汉理工大学出版社,2009.

［3］娄娟.电工学实验指导书[M].北京:中国电力出版社,2012.

［4］杨乃琪,魏香臣.电工技术实验指导[M].成都:西南交通大学出版社,2011.

［5］于宝琦,于桂君,陈亚光.电路实验指导［M］.北京:化学工业出版社,2015.

［6］孟繁钢.电路与电子技术实验指导书［M］.北京:冶金工业出版社,2017.

［7］胡晓萍,王宛苹,吕伟锋.电路基础习题及实验指导［M］.北京:电子工业出版社,2014.

［8］刘泾.电路和模拟电子技术实验指导书［M］.成都:西南交通大学出版社,2011.